中等职业教育规划教材

数控车工实训教程

董光宗　纪诚浩　主编

中国铁道出版社有限公司
CHINA RAILWAY PUBLISHING HOUSE CO., LTD.

内 容 简 介

本书是培养数控专业技术人才的实训教材,与职业资格证书的要求衔接,属于"双证"课程中不可或缺的教材。

本书主要包含数控车工编程与操作实训的主要知识和技能,共十个项目,系统性、综合性、实用性强;前后项目连接紧密,除项目十外,每一个项目都包含项目描述、学习目标、项目内容、操作步骤、测量评价、项目考核、项目小结、实训报告和课后反思;内容循序渐进,且坚持专业性和应用性相结合,满足企业需求,按照国家中等职业标准,培养数控加工中级职业技能人才。

本书适合作为中等职业教育数控车工及其相关专业的教材或培训用书,亦可供从事数控加工专业人员学习和参考。

图书在版编目(CIP)数据

数控车工实训教程/董光宗,纪诚浩主编. —北京:
中国铁道出版社有限公司,2019.4
中等职业教育规划教材
ISBN 978-7-113-25592-3

Ⅰ.①数… Ⅱ.①董… ②纪… Ⅲ.①数控机床-车床-
车削-中等专业学校-教材 Ⅳ.①TG519.1

中国版本图书馆 CIP 数据核字(2019)第 039413 号

书　　名:**数控车工实训教程**
作　　者:董光宗　纪诚浩　主编

策　　划:汪　敏　李　彤　　　　　　读者热线:(010)63550836
责任编辑:何红艳　钱　鹏
封面设计:付　巍
封面制作:刘　颖
责任校对:张玉华
责任印制:郭向伟

出版发行:中国铁道出版社有限公司(100054,北京市西城区右安门西街8号)
网　　址:http://www.tdpress.com/51eds/
印　　刷:北京虎彩文化传播有限公司
版　　次:2019年4月第1版　2019年4月第1次印刷
开　　本:787 mm×1 092 mm　1/16　印张:5.25　字数:122 千
书　　号:ISBN 978-7-113-25592-3
定　　价:19.80 元

前 言

PREFACE

随着现代科学技术的发展,数控加工已经深入各行各业,数控机床的使用已经较为普及。因此,培养这方面的人才迫在眉睫,特别是对具有中级职业技能的数控机床编程与操作技术应用人才的培养。

本书是用于培养数控专业技术人才的实训教材,是数控车工编程与操作的核心部分,与职业资格证书的要求衔接,属于"双证"课程中不可或缺的教材。

本书主要包含数控加工编程与操作实训的主要知识和技能,由浅入深,循序渐进,其特点是:培养适应行业和企业要求,能从事数控车工编程与操作的具有综合职业能力的人才;坚持专业性和应用性相结合,满足企业需求,按照国家中等职业标准,培养数控加工中级职业技能人才;内容按项目划分,从简单到复杂,层层深入。

全书共分为十个典型实训项目,每个项目都以完成该实训项目的目标为主线,结合生产实际安排课程内容,全面安排了数控车工编程与操作的实训教程。每个项目均按照真实的生产情况布置实训项目,讲授实训加工环节,在必要之处辅以关键工艺知识。

使用本实训教材时,指导教师可以仿照生产实际布置每个实训项目的任务,讲解关键知识点,指导学生完成产品制造,师生共同进行产品质量检测,总结实训经验教训。

本书由青岛市城阳区职教中心的董光宗和纪诚浩主编。其中,董光宗编写了项目一～项目五,纪诚浩编写了项目六～项目十。两名主编均是长年担任数控编程与操作专业课程教学的一线教师,有多年的教学经验。

本书适合作为数控编程与操作的实训教学用书,还可作为相关专业技术人员的培训、自学教材。

由于编者水平有限,书中难免存在疏漏及不足之处,敬请读者批评指正。

编　者

2018 年 12 月

目　录
CONTENTS

项目 一

操作数控车床

项目描述

数控车床的类型和数控系统的种类很多,各个生产厂家设计的操作面板也不尽相同,但操作面板的各种旋钮和按键基本功能与使用方法基本相同。在操作数控车床过程中,工件和车刀安装的好坏,直接影响加工操作。手动操作是数控机床的基本操作,操作者需要掌握进给轴的方向,调整手动控制的速度,精确移动进给轴。在数控加工中我们经常使用的就是试切法对刀。试切法是指操作工人在每个工步或走刀前进行对刀,然后切出一小段,测量其尺寸是否合适,如果不合适,将刀具的位置调整一下,再试切一小段,直至达到尺寸要求后才加工这一尺寸的全部表面。试切法的生产率低,要求工人的技术水平较高,否则质量不易保证,因此多用于单件、小批量生产。

数控车床的日常维护工作做得好,可以减少故障的发生,对车床进行日常维护保养的宗旨是延长车床的使用寿命,延长机械部件的磨损周期,防止意外事故的发生,以争取更长的车床稳定工作时间。

学习目标

1. 掌握车床各个结构名称及用途。
2. 掌握车床各面板按键的操作方法。
3. 掌握数控车床的 X、Z 轴的运动方向。
4. 掌握"试切法"对刀的方法。
5. 掌握车床各个结构的清理方法。
6. 掌握数控车床的日常维护方法。

项目内容

1. 数控车床的开关。
2. 数控车床的结构。
3. 操作面板讲解。
4. 程序编辑练习。
5. 装夹工件。
6. 安装刀具。
7. Z 轴对刀。
8. X 轴对刀。
9. 数控车床的日常维护规定主要包括清洁、润滑、稳固性检查等工作。

操作步骤

(一)数控车床的开关

1. 开启车床

(1)检查车床。数控车床开启前,操作者一般要沿车床巡视一圈,并重点观察车床的导轨润滑状况、清洁状况,车床外观上有无异常情况,防护门等安全状况是否正常。

(2)开启车床的电源开关。电源开关一般在车床 的左侧柜上。开启时将开关拨至或旋至"ON"位置。

(3)按下控制面板上电源开关按钮(个别机床没有此按钮)。

(4)数控系统自检后,进入开机界面或待机状态(稍等即可)。

(5)旋开急停开关。

2. 车床的关停

(1)按下急停按钮。

(2)按下控制面板电源关闭按钮(个别车床无此按钮)。

(3)关掉车床电源总开关。

(二)数控车床的结构

数控车床主要由床身(车床主体)、卡盘、型号、数控装置、溜板、刀架、尾座、冷却系统、照明系统和防护门等组成。

(三)操作面板讲解

(1)FANUC 0i 车床数控系统的控制面板主要由 CRT/(LCD)单元、MDI 键盘和功能软键组成,见表1-1。

表 1-1　MDI 键盘和功能软键

图　示	功　能
	地址和数字键 按下这些键可以输入字母、数字或其他字符
 SHIFT	切换键
 INSERT	输入/确认键
 ALTER	替换键
 DELETE	删除键
 PAGE	上/下翻页键
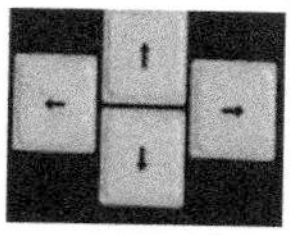	光标移动键 →用于将光标向右移动 ←用于将光标向左移动 ↓用于将光标向下移动 ↑用于将光标向上移动

（2）车床操作键盘说明，见表 1-2。

表 1-2　车床操作键的功能

图　示	功　能
急停键 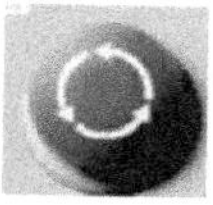	用于锁住车床。按下急停键时，车床立即停止运动。急停键抬起后，该键下方有阴影，见下图（a）；急停键按下时，该键下方没有阴影，见下图（b）  （a） 　　　（b）
循环启动/保持 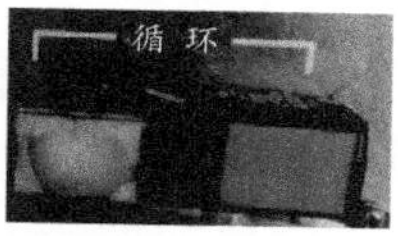	在自动和 MDI 运行方式下，用来启动和暂停程序

续表

图 示	功 能

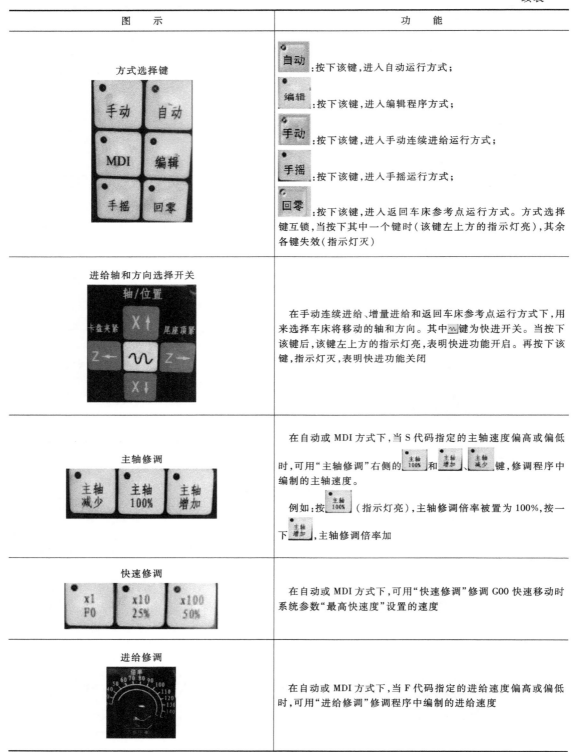

方式选择键

自动：按下该键,进入自动运行方式;

编辑：按下该键,进入编辑程序方式;

手动：按下该键,进入手动连续进给运行方式;

手摇：按下该键,进入手摇运行方式;

回零：按下该键,进入返回车床参考点运行方式。方式选择键互锁,当按下其中一个键时(该键左上方的指示灯亮),其余各键失效(指示灯灭)

进给轴和方向选择开关

在手动连续进给、增量进给和返回车床参考点运行方式下,用来选择车床将移动的轴和方向。其中～键为快进开关。当按下该键后,该键左上方的指示灯亮,表明快进功能开启。再按下该键,指示灯灭,表明快进功能关闭

主轴修调

在自动或 MDI 方式下,当 S 代码指定的主轴速度偏高或偏低时,可用"主轴修调"右侧的主轴100%和、主轴增加、主轴减少键,修调程序中编制的主轴速度。

例如:按主轴100%(指示灯亮),主轴修调倍率被置为100%,按一下主轴增加,主轴修调倍率增加

快速修调

在自动或 MDI 方式下,可用"快速修调"修调 G00 快速移动时系统参数"最高快速度"设置的速度

进给修调

在自动或 MDI 方式下,当 F 代码指定的进给速度偏高或偏低时,可用"进给修调"修调程序中编制的进给速度

续表

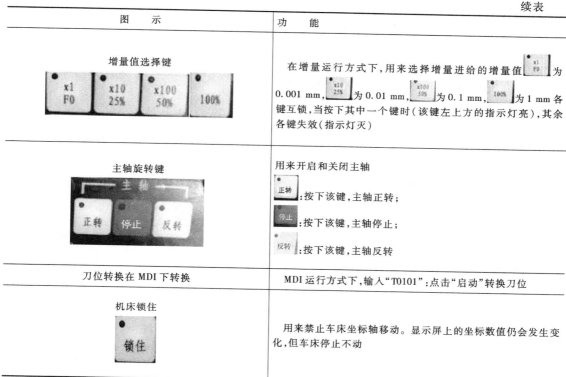

图　　　示	功　　　能
增量值选择键	在增量运行方式下,用来选择增量进给的增量值 为 0.001 mm, 为 0.01 mm, 为 0.1 mm, 为 1 mm 各键互锁,当按下其中一个键时(该键左上方的指示灯亮),其余各键失效(指示灯灭)
主轴旋转键	用来开启和关闭主轴 :按下该键,主轴正转; :按下该键,主轴停止; :按下该键,主轴反转
刀位转换在 MDI 下转换	MDI 运行方式下,输入"T0101":点击"启动"转换刀位
机床锁住	用来禁止车床坐标轴移动。显示屏上的坐标数值仍会发生变化,但车床停止不动

(四)程序编辑练习

程序编辑是数控机床操作中经常用到的以加工程序为对象的有关操作,主要操作内容包括程序的输入、检查、修改、删除、插入等编辑方式。

1. 程序输入

使用 MDI 键盘输入程序的操作方法如下:

(1)将操作方式设置为编辑(EDIT)模式。

(2)按下功能键【PROG】,翻页找出 PRPGRAM 画面。

(3)在 MDI 键盘上依次输入程序的内容。

(4)每输入一个程序段后,按【EOB】键表示结束,然后按【INSERT】键输入程序段。

2. 程序检查

程序检查的常用方法是对工件图像进行模拟加工。在模拟加工中,逐段的执行程序,以便进行程序的检查。其操作过程如下:

(1)手动返回机床参考点。

(2)在不安装工件的情况下,将卡盘夹紧。

(3)按下【PROG】键,输入被检查的程序的程序号,CRT 显示存储器里的程序,按【RESET】键使光标移动到开始处。

(4)按图形功能键【GRAPH】,点击"图形",系统显示该页面。

(5)按下机床锁紧键。

(6)按动循环/启动键,机床运行,在 CRT 显示面板上会显示该程序的轨迹。

3. 程序修改

对于程序输入后发现的错误或程序检查中发现的错误,必须进行手动修改。

(1)检索程序。

①将方式开关选定为编辑(EDIT)方式。

②按【PROG】键,CRT 显示 PROGRAM 画面。

③输入要检索的程序号。

④按[↓]键,即可调出所要检索的程序。

(2)字的修改。

①将光标移动到所要修改的地方。

②输入正确的字。

③按【ALTER】键修改。

(3)插入字。

①将光标移动到所要插入字的前一个字的位置。

②输入所要输入的字,按【INSERT】键,插入完成。

(4)删除程序字。

①将光标移动到所要删除字的位置。

②按【DELETE】键,删除完成。

(五)装夹工件

工件安装的合理与否,直接关系到后期的加工。工件安装过松,加工过程中就可能导致工件掉落,形成废品。安装过紧,又可能夹伤工件,影响工件的表面质量。因此,工件安装是一项非常重要的工作,现以三爪自定心卡盘为例,介绍如何安装工件。

(1)将工件卡住。

(2)用卡盘钥匙旋开卡爪慢慢旋动卡盘,同时将工件匀速旋转两周,找到一个合适的位置,然后再旋紧卡盘。

(3)手动方式下,将卡盘转动,观察工件是否旋转平稳,有没有不规则转动的现象,如有,则松开卡盘,重新安装。

(4)工件平稳的转动后,表明工件装夹正确,可用钢管杠杆使工件夹紧。

(六)安装刀具

刀具基本上分为外圆刀、切槽刀、螺纹刀三大类,工件能否完成加工直接由刀具决定。如何安装刀具是学习的一个重点。

现以外圆刀为例,介绍如何安装刀具。

(1)在刀架上松开螺柱,将 90°偏刀安放在刀架上,注意刀刃的方向。

(2)在尾座安装上顶尖,并移动尾座置于导轨的中间部位。

(3)手动方式下,移动刀架,使刀架上刀具的刀尖部位接近顶尖。

(4)用钢板尺测量刀尖与顶尖的高度,如刀尖高度低于顶尖,则将刀柄下方加上垫片。如刀尖高度高于顶尖(这种情况很少发生),则将刀柄的尾部垫高,使刀尖高度下降。

(5)依次将切槽刀、螺纹刀安装在刀架上。

(七)Z 轴对刀

手动模式→启动主轴→切削工件端面→Z 轴方向不动,沿 X 轴方向退出→停下主轴,按

【OFSET SET】键进入刀补输入界面,按补正→形状→将光标移动到一号刀补的位置→输入"Z0"→点击"测量",完成 T01 刀具 Z 轴的对刀,如图 1-1 所示。

（八）X 轴对刀

手动模式→启动主轴→切削工件外圆→X 轴方向不动,沿 Z 轴方向退出→停下主轴→测量工件的外圆尺寸,按【OFSET SET】键进入刀补输入界面,按(补正)软件→形状→将光标移动到一号刀补的位置→输入所测工件的外圆尺寸数→点击"测量",完成 T01 刀具 X 轴的对刀,如图 1-1 所示。

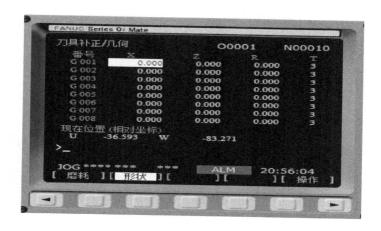

图 1-1　刀偏表

（九）数控车床的日常维护

数控车床的日常维护规定主要包括清洁、润滑、稳固性检查等工作。

1. 数控车床开启前的检查

（1）检查车床外观的主要结构是否异常。

（2）检查导轨面有无划伤损坏现象。

（3）检查卡盘、丝杠等有无松动迹象。

（4）检查地线、零线连接是否松动。

（5）检查各种防护装置(防护罩、极限开关等)是否松动、破裂。

（6）检查通风散热装置是否正常。

2. 数控车床使用中的检查

（1）及时对导轨进行润滑。

（2）注意车床主轴、刀架在运行中是否异常,是否与卡盘、尾座相碰。

（3）及时对导轨上的切屑、脏物进行清理。

3．数控车床工作结束后的检查

（1）清理车床上的切屑,对导轨进行清洁、润滑。

（2）不定期检查传动带的松紧,并及时调整。

（3）不定期检查、清洗冷却系统,并过滤或更换冷却液。

📷 测量评价

依据质量检测表对完成工件进行评价,见表1-3。

表1-3 质量检测表

序　　号	考核项目	配　　分	得　　分
1	操作车床	20	
2	车床各部分名称	20	
3	程序输入	20	
4	对刀	20	
5	车床维护保养	20	
	合计		

◎ 项目考核

输入任意一段指定程序,在 5 min 以内成绩为 A,10 min 中以内成绩为 B,10 min 以外成绩为 C。

让学生自主检查车床存在的问题,找到三个问题成绩为 A,找到两个问题成绩为 B,找到一个问题成绩为 C。

让学生练习"试切法"对刀,操作无误成绩为 A,X、Z 轴对一项的成绩为 B,两项都不对成绩为 C。

📖 项目小结

(1)刀具安装必须对准工件旋转中心。

(2)输入程序时,要仔细认真,输入完成后要找同组组员进行检查对比,防止出现错误。

(3)注意对刀以及加工安全,切勿端面切削量太大。

📝 实训报告

项目一实训报告

姓　　名		班　　级		学　　号	
实训项目		用　　时		评　　分	
实训过程					

姓　　名		班　　级		学　　号	
实训项目		用　　时		评　　分	
发现的问题及 解决方案					
实训总结					
教师评价					

课后反思

1. 各个按键的含义。

2. 对刀方法和手摇方向的判断方法。

项目

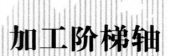加工阶梯轴

项目描述

圆轴的车削方法分为高台阶车削和低台阶车削两种(见图 2-1)。低台阶可以用车刀一次车出,而高台阶常采用分层车削,对于加工余量大的毛坯,刀具反复执行相同的动作,需要编写很多相同或相似的程序段。本项目主要根据图纸编写圆轴加工的程序,加工过程中了解车削过程的走刀路线。加工中重点学习对刀方法及量具的应用和读数方法。

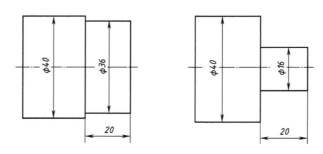

图 2-1　高台阶和低台阶阶梯轴

学习目标

1. 学会低台阶轴与高台阶轴的编程方式。
2. 能熟练的操作 FANUC 系列车床进行实训加工。

项目内容

1. 了解阶梯轴零件的应用及特点,熟练掌握有关阶梯轴各部分的加工方法。

2. 学会运用所编写的程序加工阶梯轴零件(毛坯为 $\phi40 \times 72$),数控加工图纸如图 2-2 所示。

项目名称	阶梯轴	零件材质	铝
夹具名称	通用硬爪	项目编号	2

工量刀具清单　　共1页　第1页

序号		名称	规格	单位	数量
量具		游标卡尺	0-150 mm	把	1
		千分尺	25~50 mm	把	1
		千分尺	0~25 mm	把	1
刀具		外圆车刀	90°	把	1
工具		卡盘扳手	通用	把	1
		刀架扳手	通用	把	1
		叉口扳手	16/18	把	1
		助力管		支	1
		铁钩		个	1
		垫片		块	若干

零件图

工艺流程：①加工左端外圆。②调头、保证长度加工右端面。

工序号码	工序名称	加工时间	设备名称	件数/班	课时
1	加工左端面、保证长度加工右端面。		数控车床		

图中标注：$\Phi24_{-0.039}$　$\Phi20_{-0.021}$　15　10　$\Phi30$　$20_{-0.036}^{0}$　70　15　$\Phi20_{-0.021}$　$\Phi24_{-0.039}$

注意事项

1. 调试机床安装工装夹具时一定要校正卡爪夹持部位和定位面。
2. 去除毛坯件上影响定位的高点。
3. 工装内严禁有铁屑，以防妨碍工件定位。
4. 去除所有尖角毛刺。

项目简介

本项目主要要求学会并能灵活运用G00和G01指令，根据图纸编写复杂阶梯轴加工程序。其中，特别是刀具路径以及编程的步骤应重点记忆，特别是加工的过程，程序的格式一定要明白。该零件为多阶台轴，有五个台阶，精度要求为0.039 mm，公差为0.21 mm，精度要求较高。因此加工时应分粗、精加工阶段，还应注意调头后保证零件总长。

编制（日期）	校对（日期）	审核（日期）	审批（日期）
标记处数更改文件号	签名	年、月、日	

图2-2　阶梯轴加工图纸

(a) 零件加工图纸

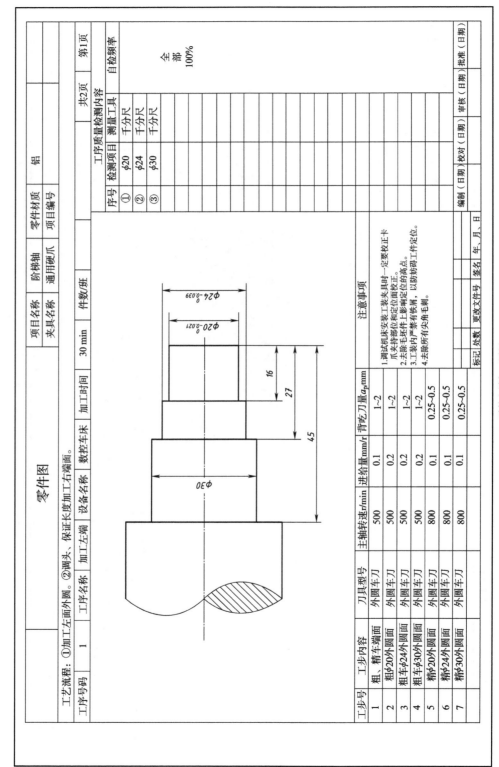

工艺流程：①加工左面外圆。②调头，保证长度加工右端面。

工步号	工步内容	刀具型号	主轴转速r/min	进给量mm/r	背吃刀量a_p/mm
1	粗、精车端面	外圆车刀	500	0.1	1~2
2	粗车φ20外圆面	外圆车刀	500	0.2	1~2
3	粗车φ24外圆面	外圆车刀	500	0.2	1~2
4	粗车φ30外圆面	外圆车刀	500	0.2	1~2
5	精车φ20外圆面	外圆车刀	800	0.1	0.25~0.5
6	精车φ24外圆面	外圆车刀	800	0.1	0.25~0.5
7	精车φ30外圆面	外圆车刀	800	0.1	0.25~0.5

项目名称	项目名称		零件材质	铝
	阶梯轴			
夹具名称	零件名称		项目编号	
	通用硬爪			
零件图				
设备名称	数控车床	加工时间	30 min	
工序名称	加工左端	件数/班	1	

工序号码	1			共2页	第1页

工序质量检测内容

序号	检测项目	测量工具	自检频率
①	φ20	千分尺	
②	φ24	千分尺	全部100%
③	φ30	千分尺	

注意事项

1. 调试机床安装工装夹具时一定要校正卡爪关节部份和定位面校正。
2. 去除毛坯件上影响定位的高点。
3. 工装内严禁有铁屑，以防防碍工件定位。
4. 去除所有尖角毛刺。

标记	处数	更改文件号	签名	年、月、日
编制（日期）	校对（日期）	审核（日期）	批准（日期）	

(b) 零件左端加工图纸

图2-2 阶梯轴加工图纸（续）

零件图	项目名称	阶梯轴	零件材质	铝
	夹具名称	通用硬爪	项目编号	

工艺流程：①加工右面外圆。②调头，保证长度加工右端面。

工序号码	1	工序名称	加工左端	设备名称	数控车床	加工时间	30 min	件数/批	共2页 第2页

阶梯轴零件图尺寸：$\phi24_{-0.039}^{0}$　$\phi20_{-0.021}^{0}$　$\phi30$　$20_{-0.052}^{0}$　70　15　10　15　$\phi20_{-0.021}^{0}$　$\phi24_{-0.039}^{0}$

工步号	工步内容	刀具型号	主轴转速r/min	进给量mm/r	背吃刀量a_p/mm
1	粗车φ20外圆	外圆刀	500	2	1~2
2	粗车φ24外圆	外圆刀	500	2	1~2
3	精车φ20外圆	外圆刀	800	1	0.2~0.5
4	精车φ24外圆	外圆刀	800	1	0.2~0.5

注意事项：
1.调试机床安装工装夹具时一定要校正卡爪夹持部位和定位面。
2.去除毛坯件上影响定位的点。
3.工装内严禁有铁屑，以防妨碍工件定位。
4.去除所有尖角毛刺。

工序质量检测内容

序号	检测项目	测量工具	自检频率
①	φ20	千分尺	全部100%
②	φ24	千分尺	
③	φ20	千分尺	

编制（日期）	校对（日期）	审核（日期）	批准（日期）
标记	处数	更改文件号	签名 年、月、日

(c) 零件右端加工图纸

图2-2 阶梯轴加工图纸（续）

操作步骤

1. 安装工件

工件安装的好坏,直接影响加工过程中的操作,一般可按下列步骤进行:

(1)旋开卡爪,将工件放入卡盘,同时伸出卡盘的长度要符合零件尺寸要求。慢慢旋紧卡盘,在一个临界状态时(夹紧与未夹紧之间的状态),右手轻轻地左右匀速旋转工件(至少要旋转一周),找到一个合适的位置,同时左手慢慢旋紧卡盘。

(2)在手动方式下,使主轴正转,目测工件旋转时是否打晃。如果发现晃动,则应重新进行工件的安装。

2. 安装车刀

FANUC 数控车床采用的是四刀位刀架,因此最多可以同时安装四把刀。本项目需要一把 90°外圆偏刀,按照编写程序把刀具安放在相应刀位。

3. 对刀

(1)对刀过程中一定要严格按照对刀步骤进行。

(2)试切时,背吃刀量不能太大。

(3)对刀过程要严格把关,认真练习,直到熟练为止。

4. 编写程序

按照图纸要求编写程序,检查无误后,输入机床。

5. 程序录入

(1)在程序编辑中新建程序号(以 O××××命名)。

(2)在输入面板中输入所编写的程序,注意录入时要仔细认真,防止人为输入错误导致程序不能运行,从而影响加工。

6. 加工工件

(1)单段加工。

这个步骤只要用于所编写的程序与对刀是否正确,如果其中有不对的地方应立即停车,检查程序与对刀是否出现错误。

(2)自动加工。

将机床置于"自动"状态,调出所输入的程序,按下"循环启动"按钮,进行自动加工。

测量评价

依据质量检测表对完成工件进行评价,见表 2-1。

表 2-1　质量检测表　　　　　　　　　　　　　　　　　　　　单位:mm

序号	考核项目	扣分标准	配分	得分
1	总长 70	每超差 0.02 扣 1 分	12	
2	外径 $\phi40$	超差 0.1 全扣	18	
3	螺纹长度	长度超差 2 扣 2 分	4	
4	外径 $\phi20^{~0}_{-0.021}$	每超差 0.01 扣 2 分	8	
5	外径 $\phi24^{~0}_{-0.039}$	每超差 0.01 扣 2 分	8	

续表

序号	考核项目	扣分标准	配分	得分
6	外径 $\phi38$	超差 0.1 全扣	4	
7	长度 $20_{-0.052}^{0}$	每超差 0.01 扣 2 分	8	
8	长度 15	超差 0.1 全扣	10	
9	倒角	每个不合格扣 2 分	8	
10	粗糙度	$Ra1.6\ \mu m$ 处每低一个等级扣 2 分,其余加工部位 30% 不达要求扣 2 分,50% 不达要求扣 3 分,75% 不达要求扣 60 分	10	
		合计	90	

项目考核

学生在操作完成以后,按照评分表测量工件,工件得分在 80 分以上的成绩为 A,工件得分在 60 分以上的成绩为 B,工件得分在 60 分以下的成绩为 C。

项目小结

（1）刀具安装必须对准工件旋转中心。

（2）输入程序时,要仔细认真,输入完成后要找同组组员进行检查对比,防止出现错误。

（3）注意对刀以及加工安全,要反复练习游标卡尺的使用。

实训报告

项目二实训报告

姓　名		班　级		学　号	
实训项目		用　时		评　分	
实训过程					
发现的问题及解决方案					

续表

姓　名		班　级		学　号	
实训项目		用　时		评　分	
实训总结					
教师评价					

课后反思

加工过程中为什么存在误差?

项目  加工锥体轴

项目描述

本项目的目的是学会锥面的参数计算，认识锥面的加工过程和方法，同时学会使用相应指令进行外圆及大余量锥面的编程。在根据零件图编写加工锥体轴的程序时，注意确定节点的坐标，该零件没有公差，重点是注意加工方法。加工工程中进一步练习对刀方法及量具的使用方法。锥体轴如图 3-1 所示。

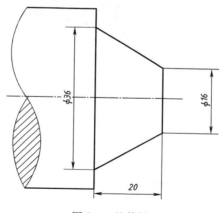

图 3-1　锥体轴

学习目标

1. 学会锥体轴的编程方式和计算方式。
2. 能熟练的操作 FANUC 系列车床进行实训加工。

项目内容

1. 了解锥体轴零件的应用及特点，熟练掌握有关锥体轴各部分的加工方法。
2. 学会运用所编写的程序加工锥体轴零件（毛坯为 $\phi40 \times 40$），数控加工图纸如图 3-2 所示。

项目名称	锥面加工	零件材质	铝
夹具名称	通用硬爪	项目编号	

工艺流程：加工锥体。

工序号码	工序名称	设备名称	数控车床	加工时间	1课时	件数/班	

零件图

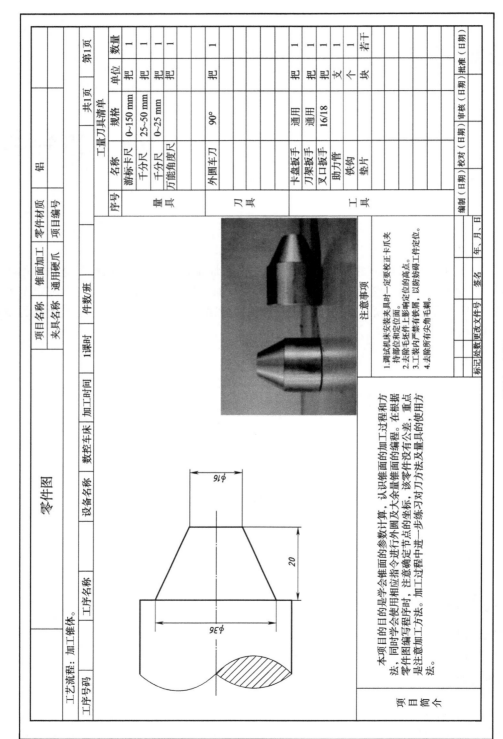

项目简介：本项目目的是学会锥面的参数计算，认识锥面的加工过程和方法，同时学会使用相应量具进行外圆及大余量锥面的编程。在根据零件图编写程序时，注意确定节点的坐标，该零件没有公差，重点是注意加工方法。加工过程中进一步练习对刀方法及量具的使用方法。

工量刀具清单　共1页　第1页

序号		名称	规格	单位	数量
量具		游标卡尺	0~150 mm	把	1
		千分尺	25~50 mm	把	1
		千分尺	0~25 mm	把	1
		万能角度尺		把	1
刀具		外圆车刀	90°	把	1
工具		卡盘扳手	通用	把	1
		刀架扳手	通用	把	1
		叉口扳手	16/18	把	1
		助力管		支	1
		铁钩		个	1
		垫片		块	若干

注意事项
1. 调试机床安装夹具时一定要校正卡爪夹持部位和定位面。
2. 去除毛坯位上影响定位的高点。
3. 工装内严禁有铁屑，以防妨碍工件定位。
4. 去除所有尖角毛刺。

编制（日期）	校对（日期）	审核（日期）	批准（日期）
标记处数更改文件号	签名	年、月、日	

(a) 零件加工图纸

图3-2　锥体轴加工图纸

零件图		项目名称	锥面加工	零件材质	铝
		夹具名称	通用硬爪	项目编号	

工艺流程：车锥体。

工序号码	1	工序名称	车锥体	设备名称	数控车床	加工时间	10min	件数/班	

共1页　第1页

工序质量检测内容

序号	检测项目	测量工具	自检频率
①	锥度	千分尺	全部 100%

φ16　φ36　20

工步号	工步内容	刀具型号	主轴转速r/min	进给量mm/r	背吃刀量a_p/mm
1	精车外锥体	外圆车刀	500	0.2	1~2
2	精车外锥体	外圆车刀	800	0.1	0.25~0.5

注意事项：
1.调试机床安装夹具时一定要校正卡爪夹持部位和位置。
2.去除毛坯件上影响定位的高点。
3.工装内严禁有铁屑，以防影响工件定位。
4.去除所有尖角毛刺。

标记	处数	更改文件号	签名	年、月、日

编制（日期）　校对（日期）　审核（日期）　批准（日期）

(b)锥体部分加工图纸（续）

图3-2 锥体加工图纸（续）

操作步骤

1. 安装工件

工件安装的好坏,直接影响加工过程的中的操作,一般可按下列步骤进行:

(1)旋开卡爪,将工件放入卡盘,同时伸出卡盘的长度要符合零件尺寸要求。慢慢旋紧卡盘,在一个临界状态时(夹紧与未夹紧之间的状态),右手轻轻的左右匀速旋转工件(至少要旋转一周),找到一个合适的位置,同时左手慢慢旋紧卡盘。

(2)在手动方式下,使主轴正转,目测工件旋转时是否打晃。如果发现晃动,则应重新进行工件的安装。

2. 安装车刀

FANUC 数控车床采用的是四刀位刀架,因此最多可以同时安装四把刀。本项目需要一把90°外圆偏刀,按照编写程序把刀具安放在相应刀位。

3. 对刀

(1)对刀过程中一定要严格按照对刀步骤进行。

(2)试切时,背吃刀量不能太大。

(3)对刀过程要严格把关,认真练习,直到熟练为止。

4. 编写程序

按照图纸要求编写程序,检查无误后,输入机床。

5. 程序录入

(1)在程序编辑中新建程序号(以 O×××× 命名)。

(2)在输入面板中输入所编写的程序,注意录入要仔细认真,防止人为输入错误导致程序不能运行,从而影响加工。

6. 加工工件

(1)单段加工。

这个步骤只要用于所编写的程序与对刀是否正确,如果其中有不对的地方应立即停车,检查是否程序与对刀出现错误。

(2)自动加工。

将机床置于"自动"状态,调出所输入的程序,按下"循环启动"按钮,进行自动加工。

测量评价

依据质量检测表对完成工件进行评价,见表3-1。

表 3-1 质量检测表　　　　　　　　　　　　　　　　单位:mm

序号	考核项目	扣分标准	配分	得分
1	总长 20	每超差 0.02 扣 1 分	20	
2	外径 $\phi36$	超差 0.1 全扣	10	
3	外径 $\phi16$	超差 0.1 全扣	10	
4	长度 22	每超差 0.01 扣 2 分	10	

续表

序号	考核项目	扣分标准	配分	得分
5	粗糙度	$Ra1.6~\mu m$ 处每低一个等级扣 2 分,其余加工部位 30% 不达要求扣 2 分,50% 不达要求扣 3 分,75% 不达要求扣 6 分	20	
		合计	70	

项目考核

　　学生在操作完成以后,按照评分表测量工件,工件得分在 60 分以上的成绩为 A,工件得分在 40 分以上的成绩为 B,工件得分在 40 分一下的成绩为 C。

项目小结

　　(1)刀具安装必须对准工件旋转中心。
　　(2)输入程序时,要仔细认真,输入完成后要找同组组员进行检查对比,防止出现错误。
　　(3)注意对刀以及加工安全,要反复练习游标卡尺的使用。
　　(4)锥体的计算和求值。公式:$D = d + C \times L$,D 为锥体大头直径,d 为锥体小头直径,C 为锥度比,L 是圆锥长度。

实训报告

项目三实训报告

姓　　名		班　　级		学　　号	
实训项目		用　　时		评　　分	
实训过程					
发现的问题及解决方案					

续表

姓　　名		班　　级		学　　号	
实训项目		用　　时		评　　分	
实训总结					
教师评价					

课后反思

加工过程中锥体产生误差的原因是什么？

项目四

加工连接轴

项目描述

本项目主要是根据图纸编写圆弧类零件的程序。图 4-1 所示零件两端分别由多阶台轴和凹凸圆弧、锥面组成,精度要求较高。因此加工时应分粗、精加工阶段,注意圆弧的程序编写(G02 和 G03)和零件总长的保证。

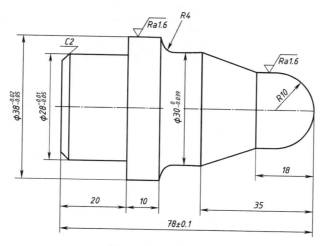

图 4-1　连接轴零件

学习目标

1. 学会连接轴的编程方式和工件总长的保证。
2. 能熟练的操作 FANUC 系列车床进行实训加工。

项目内容

1. 了解连接轴零件的应用及特点,熟练掌握有关连接轴各部分的加工方法。
2. 学会运用所编写的程序加工连接轴零件(毛坯为 $\phi 40 \times 80$)数控加工图纸如图 4-2 所示。

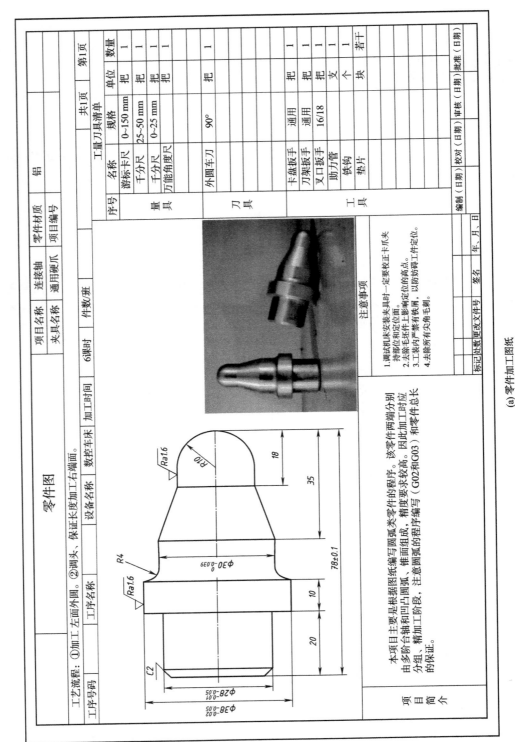

图 4-2 连接轴零件加工图纸

(a) 连接轴零件加工图纸

零件图			项目名称	连接轴	零件材质	铝
			夹具名称	通用硬爪	项目编号	

工艺流程：①加工左面外圆。②调头、保证长度加工右端面。

工序号码	1	工序名称	加工左端	设备名称	数控车床	加工时间	30 min	件数/班		共2页	第1页

工序质量检测内容

序号	检测项目	测量工具	自检频率
①	φ28	千分尺	全部 100%
②	φ38	千分尺	

零件左端图样：φ38$_{-0.05}^{-0.02}$，φ28$_{-0.04}^{-0.01}$，C2，20，32

工步号	工步内容	刀具型号	主轴转速 r/min	进给量 mm/r	背吃刀量 a_p/mm
1	粗、精车端面	外圆车刀	500	0.1	1-2
2	粗车φ28外圆面	外圆车刀	500	0.2	1-2
3	粗车φ38外圆面	外圆车刀	500	0.2	1-2
4	精车φ28外圆面	外圆车刀	800	0.1	0.25-0.5
5	精车φ38外圆面	外圆车刀	800	0.1	0.25-0.5

注意事项
1.调试机床安装夹具时一定要把卡爪夹持部位和定位面。
2.去除毛坯件上影响定位的高点。
3.工装内严禁有铁屑，以防划伤工件定位。
4.去除所有尖角毛刺。

编制（日期） 校对（日期） 审核（日期） 批准（日期）

标记 处数 更改文号 签名 年、月、日

(b) 零件左端加工图纸（续）

图 4-2 连接轴零件加工图纸

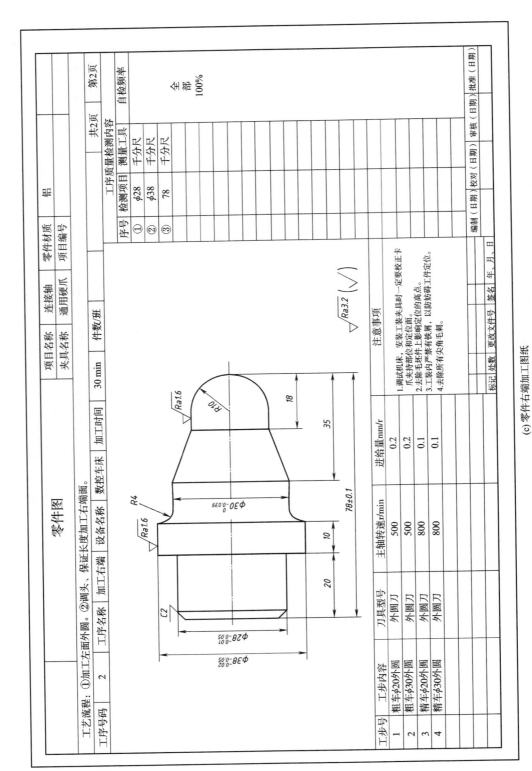

（c）零件右端加工图纸

图 4-2　连接轴零件加工图纸（续）

操作步骤

1. 安装工件

工件安装的好坏,直接影响加工过程的中的操作,一般可按下列步骤进行:

(1)旋开卡爪,将工件放入卡盘,同时伸出卡盘的长度要符合零件尺寸要求。慢慢旋紧卡盘,在一个临界状态时(夹紧与未夹紧之间的状态),右手轻轻的左右匀速旋转工件(至少要旋转一周),找到一个合适的位置,同时左手慢慢旋紧卡盘。

(2)在手动方式下,使主轴正转,目测工件旋转时是否打晃。如果发现晃动,则应重新进行工件的安装。

2. 安装车刀

FANUC 数控车床采用的是四刀位刀架,因此最多可以同时安装四把刀。本项目需要一把 90°外圆偏刀,按照编写程序把刀具安放在相应刀位。

3. 对刀

(1)对刀过程中一定要严格按照对刀步骤进行。

(2)试切时,背吃刀量不能太大。

(3)对刀过程要严格把关,认真练习,直到熟练为止。

(4)加工完一端后,调头夹住加工完的一端(长度较长的直径),切端面至中心,停下机床用游标卡尺测量总长,用实际工件总长 − 图纸上工件总长 = 差数(数值可能是正数也可能是负数)输入所对应的刀补偏置 Z 中,(正数输入正数,负数输入负数)然后修改对刀点的 Z 数值,在 Z 数值的基础上加上所求的差值即可(比如差值为 2.0,Z 轴对刀点值为 2.0,那么修改的数值应为 4.0),X 轴对刀方法不变。

4. 编写程序

按照图纸要求编写程序,检查无误后,输入机床。

5. 程序录入

(1)在程序编辑中新建程序号(以 O××××命名)。

(2)在输入面板中输入所编写的程序,注意录入要仔细认真,防止人为输入错误导致程序不能运行,从而影响加工。

6. 加工工件

(1)单段加工。

这个步骤只要用于所编写的程序与对刀是否正确,如果其中有不对的地方应立即停车,检查是否程序与对刀出现错误。

(2)自动加工。

将机床置于"自动"状态,调出所输入的程序,按下"循环启动"按钮,进行自动加工。

测量评价

依据质量检测表对完成工件进行评价,见表 4-1。

表 4-1　质量检测表　　　　　　　　　　　　　　　　　单位:mm

序号	考核项目	扣分标准	配分	得分
1	总长 78	每超差 0.1 扣 1 分	10	
2	$R10$ 圆头	没有成形全扣,半径超差 0.2 扣 3 分	10	
3	外径 $\phi38\ ^{-0.02}_{-0.05}$	每超差 0.01 扣 2 分	10	
4	外径 $\phi28\ ^{-0.01}_{-0.04}$	每超差 0.01 扣 2 分	10	
5	外径 $\phi30\ ^{0}_{-0.039}$	超差 0.01 全扣	6	
6	外径 $\phi20$	每超差 0.1 扣 2 分	10	
7	长度 5 mm	超差 0.1 全扣	6	
8	$R4$ 圆角	圆角每个不合格扣 3 分	8	
9	倒角	每个不合格扣 2 分	10	
10	粗糙度	$Ra1.6\ \mu m$ 处每低一个等级扣 2 分,其余加工部位 30% 不达要求扣 2 分,50% 不达要求扣 3 分,75% 不达要求扣 6	10	
	合计		90	

项目考核

学生在操作完成以后,按照评分表测量工件,工件得分在 80 分以上的成绩为 A,工件得分在 60 分以上的成绩为 B,工件得分在 60 分以下的成绩为 C。

项目小结

(1)刀具安装必须对准工件旋转中心。

(2)输入程序时,要仔细认真,输入完成后要找同组组员进行检查对比,防止出现错误。

(3)注意对刀以及加工安全,要反复练习游标卡尺的使用。

(4)锥体的计算和求值。公式:$D = d + C \times L$,D 为锥体大头直径,d 为锥体小头直径,C 为锥度比,L 是圆锥长度。

(5)工件总长的保证方法。

实训报告

项目四实训报告

姓　　名		班　　级		学　　号	
实训项目		用　　时		评　　分	
实训过程					

姓　　名		班　　级		学　　号	
实训项目		用　　时		评　　分	
发现的问题及 解决方案					
实训总结					
教师评价					

课后反思

加工过程怎样保证工件总长？

项目 五

加工槽类零件

项目描述

本项目主要是根据零件图编写零件程序。图 5-1 所示零件为槽类轴零件,有四个槽面,编写程序要注意分开四个槽的位置。同时,编程时要注意槽刀是以左刀尖为准,操作对刀时也是以左刀尖为准。

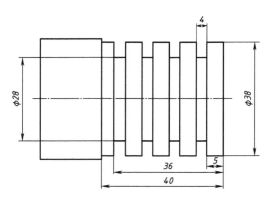

图 5-1　槽类轴零件

学习目标

1. 学会槽类轴的编程方式和计算方式。
2. 能熟练的操作 FANUC 系列车床进行实训加工。

项目内容

1. 了解槽类轴零件的应用及特点,熟练掌握有关槽类轴各部分的加工方法。
2. 学会运用所编写的程序加工槽类轴零件(毛坯为 $\phi40 \times 60$),数控加工图纸如图 5-2所示。

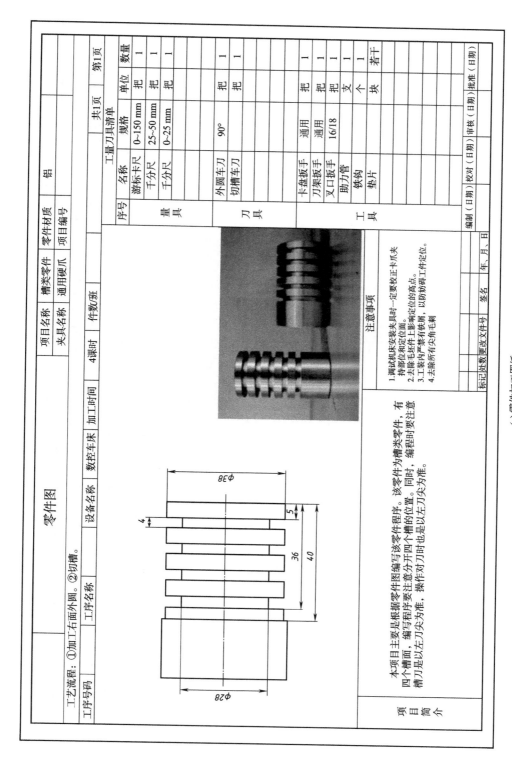

图 5-2 槽类轴零件加工图纸

(a) 零件加工图纸

零件图

项目名称	槽类零件	零件材质	铝
夹具名称	通用硬爪	项目编号	

| 工序号码 | 1 | 工序名称 | 车外圆 | 设备名称 | 数控车床 | 加工时间 | 20 min | 件数/班 | | 共2页 | 第1页 |

工艺流程：①加工右面外圆。②切槽。

$\phi38\pm0.1$

40

工步号	工步内容	刀具型号	主轴转速r/min	进给量mm/r	背吃刀量a_p/mm
1	粗、精车端面	外圆车刀	500	0.1	1~2
2	粗车φ38外圆面	外圆车刀	500	0.2	1~2
3	精车φ38外圆面	外圆车刀	800	0.1	0.25~0.5

注意事项
1.调试机床安装夹具时一定校正卡爪夹持部位和定位面。
2.去除毛坯件上影响定位的高点。
3.工装内严禁有铁屑，以防妨碍工件定位。
4.去除所有尖角毛刺。

工序质量检测内容

序号	检测项目	测量工具	自检频率
①	φ38	千分尺	全部100%
②	40	游标卡尺	

编制（日期）　校对（日期）　审核（日期）　批准（日期）

标记 处数 更改文件号 签名 年、月、日

(b) 槽类轴零件加工图纸

图5-2　槽类轴零件加工图纸（续）

零件图		项目名称	槽类零件	零件材质	铝			共2页	第2页
		夹具名称	通用硬爪	项目编号					

工艺流程：①加工右面外圆。②切槽。

工序号码	2	工序名称	切槽	设备名称	数控车床	加工时间	20 min	件数/班	

（零件加工图，尺寸：φ38、φ28、4、5、36、40）

工步号	工步内容	刀具型号	主轴转速r/min	进给量mm/r	背吃刀量a_p/mm
1	切4×5槽	切槽刀	450	0.1	5

注意事项：
1.调试机床安装夹具时一定要校正卡爪夹持部位和定位面。
2.去除毛坯件上影响定位的高点。
3.工装内严禁有铁屑，以防妨碍工件定位。
4.去除所有尖角毛刺。

工序质量检测内容

序号	检测项目	测量工具	自检频率
①	φ28	游标卡尺	全部100%
②	4	游标卡尺	

编制（日期）	校对（日期）	审核（日期）	批准（日期）

标记	处数	更改文件号	签名	年，月，日

(c) 零件槽加工图纸

图5-2 槽类轴零件加工图纸（续）

操作步骤

1. 安装工件

工件安装的好坏,直接影响加工过程的中的操作,一般可按下列步骤进行:

(1)旋开卡爪,将工件放入卡盘,同时伸出卡盘的长度要符合零件尺寸要求。慢慢旋紧卡盘,在一个临界状态时(夹紧与未夹紧之间的状态),右手轻轻的左右匀速旋转工件(至少要旋转一周),找到一个合适的位置,同时左手慢慢旋紧卡盘。

(2)在手动方式下,使主轴正转,目测工件旋转时是否打晃。如果发现晃动,则应重新进行工件的安装。

2. 安装车刀

FANUC 数控车床采用的是四刀位刀架,因此最多可以同时安装四把刀。本项目需要一把90°外圆偏刀和一把切槽刀,按照编写程序把刀具安放在相应刀位。

3. 对刀

(1)对刀过程中一定要严格按照对刀步骤进行。

(2)试切时,背吃刀量不能太大。

(3)对刀过程要严格把关,认真练习,直到熟练为止。

4. 编写程序

按照图纸要求编写程序,检查无误后,输入机床。

5. 程序录入

(1)在程序编辑中新建程序号(以 O×××× 命名)。

(2)在输入面板中输入所编写的程序,注意录入时要仔细认真,防止人为输入错误导致程序不能运行,从而影响加工。

6. 加工工件

(1)单段加工。

这个步骤主要用于检查所编写的程序与对刀是否正确,如果其中有不对的地方应立即停车,检查是否程序与对刀出现错误。

(2)自动加工。

将机床置于"自动"状态,调出所输入的程序,按下"循环启动"按钮,进行自动加工。

测量评价

依据质量检测表对完成工件进行评价,见表5-1。

表 5-1　质量检测表　　　　　　　　　　　　　　　　单位:mm

序号	考核项目	扣分标准	配分	得分
1	总长 40	每超差 0.1 扣 1 分	10	
2	外径 φ38	超差 0.1 全扣	10	
3	槽 4×5	深度超差 0.2 全扣	10	
4	外径 φ24	超差 0.1 全扣	10	
5	长度 40	每超差 0.1 扣 2 分	10	

序号	考核项目	扣分标准	配分	得分
6	长度5	超差0.1全扣	10	
7	粗糙度	$Ra1.6\ \mu m$ 处每低一个等级扣2分,其余加工部位30%不达要求扣2分,50%不达要求扣3分,75%不达要求扣6分	10	
	合计		70	

项目考核

　　学生在操作完成以后,按照评分表测量工件,工件得分在50分以上的成绩为A,工件得分在40分以上的成绩为B,工件得分在40分以下的成绩为C。

项目小结

　　(1)刀具安装必须对准工件旋转中心。

　　(2)输入程序时,要仔细认真,输入完成后要找同组组员进行检查对比,防止出现错误。

　　(3)注意对刀以及加工安全,要反复练习游标卡尺的使用。

实训报告

项目五实训报告

姓　　名		班　　级		学　　号	
实训项目		用　　时		评　　分	
实训过程					
发现的问题及解决方案					

续表

姓　　名		班　　级		学　　号	
实训项目		用　　时		评　　分	
实训总结					
教师评价					

课后反思

切槽刀是怎么对刀和编写程序的？

项目六

加工外螺纹类零件

项目描述

本项目主要是根据图纸编写螺纹加工的程序。图 6-1 所示零件是在巩固前面学习的阶梯轴加工、锥面加工、槽的加工的基础上,学习螺纹的加工,编程时,要注意将外圆加工、槽的加工和螺纹加工分开进行。加工操作时要注意切槽刀和螺纹刀的对刀。

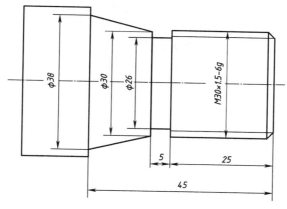

图 6-1　外螺纹零件

学习目标

1. 学会螺纹类零件的编程方式和计算方式。
2. 能熟练的操作 FANUC 系列车床进行实训加工。

项目内容

1. 了解螺纹类零件的应用及特点,熟练掌握有关螺纹类零件各部分的加工方法。
2. 学会运用所编写的程序加工螺纹类零件(毛坯为 $\phi 40 \times 70$),数控加工图纸如图 6-2 所示。

零件图

		项目名称	螺纹加工		零件材质	铝
		夹具名称	通用硬爪		项目编号	

工序号码	工序名称	设备名称	数控车床	加工时间	6课时	件数/班

工艺流程：①车外圆。②切槽。③车螺纹。

图中尺寸：M30×1.5-6g　25　45　5　Φ26　Φ30　Φ38

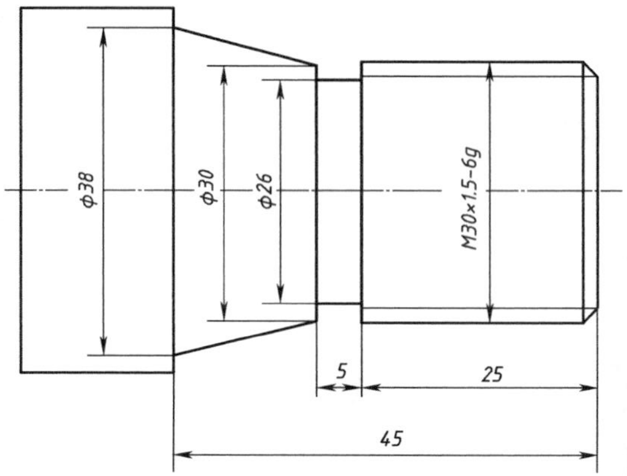

工量刀具清单　　共1页　第1页

	序号	名称	规格	单位	数量
量具		游标卡尺	0~150 mm	把	1
		千分尺	25~50 mm	把	1
		千分尺	0~25 mm	把	1
		万能角度尺		套	1
		螺纹环规			1
刀具		外圆车刀	90°	把	1
		切槽车刀		把	1
		螺纹车刀	60°	把	1
工具		卡盘扳手	通用	把	1
		刀架扳手	通用	把	1
		叉口扳手	16/18	支	1
		助力管		个	1
		铁钩		块	1
		垫片			若干

项目简介：本项目主要是根据图纸编写螺纹加工的程序。该零件是在巩固前面学习的阶梯轴加工、锥面加工，槽的加工的基础上，学习螺纹的加工、编程时，要注意将外圆加工、槽的加工和螺纹加工分开进行。加工操作时要注意切槽刀和螺纹刀的对刀。

注意事项
1. 调试机床安装表具时一定要校正卡爪夹持部位和定位面。
2. 去除毛坯中影响定位的高点。
3. 工装内严禁有铁屑，以防妨碍工件定位。
4. 去除所有尖角毛刺。

编制（日期）	校对（日期）	审核（日期）	批准（日期）
标记处数更改改文件号	签名	年，月，日	

(a) 总加工图纸

图 6-2　螺纹零件加工图纸

零件图

| 项目名称 | 螺纹加工 | 零件材质 | 铝 |
| 夹具名称 | 通用硬爪 | 项目编号 | |

共3页　第1页

| 设备名称 | 数控车床 | 加工时间 | 20 min |
| 工序名称 | 外圆加工 | 件数/批 | |

工艺流程：①车外圆。②切槽。③车螺纹。
工序号码 1

工步号	工步内容	刀具型号	主轴转速r/min	进给量mm/r	背吃刀量a_p/mm
1	粗车φ38外圆面	外圆刀	500	0.2	1~2
2	精车φ38外圆面	外圆刀	500	0.1	0.2~0.5

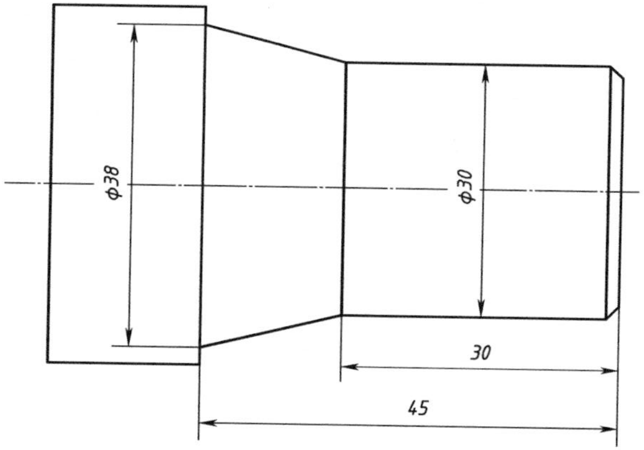

工序质量检测内容

序号	检测项目	测量工具	自检频率
①	φ30	千分尺	全部 100%
②	锥	角度尺	

注意事项
1.调试机床安装夹具时一定要校正卡爪夹持部位和定位面。
2.去除毛坯件上影响定位的高点。
3.工装内要素有铁屑，以防妨碍工件定位。
4.去除所有尖角毛刺。

编制（日期）校对（日期）审核（日期）批准（日期）
标记 处数 更改文件号 签名 年、月、日

(b) 零件外圆加工图纸

图6-2 外螺纹零件加工图纸（续）

零件图		项目名称	螺纹加工	零件材质	铝	
		夹具名称	通用硬爪	项目编号		

工艺流程：①车外圆。②切槽。③车螺纹。

工序号码	2	工序名称	切槽	设备名称	数控车床	件数/班		加工时间	10 min	共3页	第2页

序号	检测内容	工序质量检测内容 测量工具	自检频率
①	5×2	游标卡尺	全部 100%

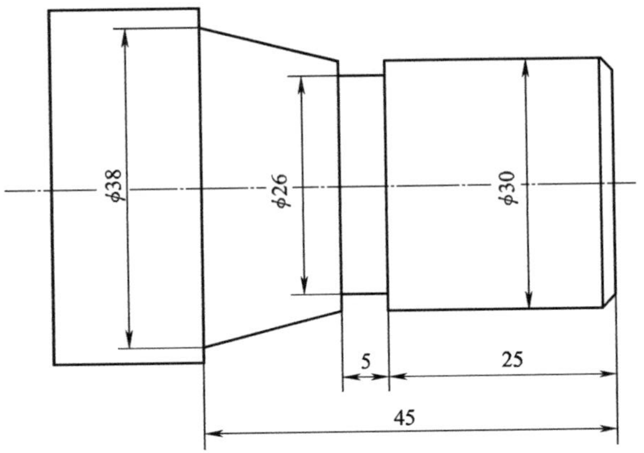

工步号	工步内容	刀具型号	主轴转速r/min	进给量mm/r	背吃刀量 a_p/mm	注意事项
1	切5×2槽	切槽刀	450	0.1	2	1.调试机床安装工装夹具时一定要校正卡爪夹持部位和定位面。 2.去除毛坯件上影响定位的高点。 3.工装内严禁有铁屑，以防妨碍工件定位。 4.去除所有尖角有毛刺。

编制（日期）校对（日期）审核（日期）批准（日期）

标记 处数 更改文件号 签名 年、月、日

(c) 零件槽零件加工图图纸

图6-2 外螺纹零件加工图图纸（续）

零件图					项目名称	螺纹加工	零件材质	铝
					夹具名称	通用硬爪	项目编号	
							共3页	第3页

工艺流程：①车外圆。②切槽。③车螺纹。

工序号码	工序名称	设备名称	加工时间	件数/班
3	加工螺纹	数控车床	20 min	

工序质量检测内容

序号	检测项目	测量工具	自检频率
①	M30×1.5	环规	全部 100%

工步号	工步内容	刀具型号	主轴转速 r/min	进给量 mm/r	背吃刀量 a_p	注意事项
1	M30×1.5-6g	螺纹刀	450	1.5	递减	1.调试机床安装工装夹具时一定要校正卡爪夹持部位和定位面。 2.去除毛坯件上影响定位的高点。 3.工装内严禁有铁屑，以防妨碍工件定位。 4.去除所有尖角毛刺。

标记	处数	更改文件号	签名	年 月 日	编制（日期）	校对（日期）	审核（日期）	批准（日期）

(d) 零件螺纹加工图纸

图6-2 外螺纹零件加工图纸（续）

操作步骤

1. 安装工件

工件安装的好坏,直接影响加工过程的中的操作,一般可按下列步骤进行:

(1)旋开卡爪,将工件放入卡盘,同时伸出卡盘的长度要符合零件尺寸要求。慢慢旋紧卡盘,在一个临界状态时(夹紧与未夹紧之间的状态),右手轻轻的左右匀速旋转工件(至少要旋转一周),找到一个合适的位置,同时左手慢慢旋紧卡盘。

(2)在手动方式下,使主轴正转,目测工件旋转时是否打晃。如果发现晃动,则应重新进行工件的安装。

2. 安装车刀

FANUC 数控车床采用的是四刀位刀架,因此最多可以同时安装四把刀。本项目需要一把90°外圆偏刀、一把切槽刀和一把螺纹刀,按照编写程序把刀具安放在相应刀位。

3. 对刀

(1)对刀过程中一定要严格按照对刀步骤进行。

(2)试切时,背吃刀量不能太大。

(3)对刀过程要严格把关,认真练习,直到熟练为止。

4. 编写程序

按照图纸要求编写程序,检查无误后,输入机床。

5. 程序录入

(1)在程序编辑中新建程序号(以 O × × × ×命名时)。

(2)在输入面板中输入所编写的程序,注意录入是要仔细认真,防止人为输入错误导致程序不能运行,从而影响加工。

6. 加工工件

(1)单段加工

这个步骤只要用于所编写的程序与对刀是否正确,如果其中有不对的地方应立即停车,检查是否程序与对刀出现错误。

(2)自动加工

将机床置于"自动"状态,调出所输入的程序,按下"循环启动"按钮,进行自动加工。

测量评价

依据质量检测表对完成工件进行评价,见表6-1。

表6-1   质量检测表   单位:mm

序号	考核内容	考核标准	配分	得分	备注
1	总长 45	超差 0.01 扣 1 分	10		
2	$\phi32$	超差 0.01 扣 1 分	10		
3	$\phi38$	超差 0.01 扣 1 分	10		
4	M30 × 1.5	超差 0.01 扣 1 分	20		
5	长度 40	超差 0.01 扣 1 分	10		

续表

序号	考核内容	考核标准	配分	得分	备注
6	长度5	超差0.01扣1分	10		
7	5×2槽	超差0.01扣1分	10		
8	表面粗糙度	每处不合格扣1分	10		
	合计		90		

项目考核

　　学生在操作完成以后,按照评分表测量工件,工件得分在70分以上的成绩为A,工件得分在60分以上的成绩为B,工件得分在60分以下的成绩为C。

项目小结

　　(1)刀具安装必须对准工件旋转中心。

　　(2)输入程序时,要仔细认真,输入完成后要找同组组员进行检查对比,防止出现错误。

　　(3)注意对刀以及加工安全,要反复练习游标卡尺的使用。

实训报告

项目六实训报告

姓　　名		班　　级		学　　号	
实训项目		用　　时		评　　分	
实训过程					
发现的问题及解决的方案					

姓　名		班　级		学　号	
实训项目		用　时		评　分	
实训总结					
教师评价					

课后反思

螺纹刀怎样对刀？如何求螺纹的大小径？

项目 ⑦

加工典型轴类零件

📋 **项目描述**

本项目主要是根据图纸编写典型轴类零件的加工程序。图 7-1 所示零件是在巩固前面学习的阶梯轴加工、锥面加工、槽的加工的基础上,学习综合加工,编程时,要注意将外圆加工、槽的加工和螺纹加工分开。加工操作时要注意槽刀和螺纹刀的对刀。

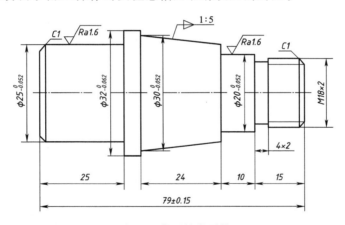

图 7-1 典型轴类零件

✋ **学习目标**

1. 学会典型类零件轴的编程方式并保证工件总长。
2. 能熟练的操作 FANUC 系列车床进行实训加工。

🛠 **项目内容**

1. 了解典型轴类零件的应用及特点,熟练掌握有关典型类零件轴各部分的加工方法。
2. 学会运用所编写的程序加工典型轴类零件(毛坯为 $\phi40 \times 82$),数控加工图纸如图 7-2 所示。

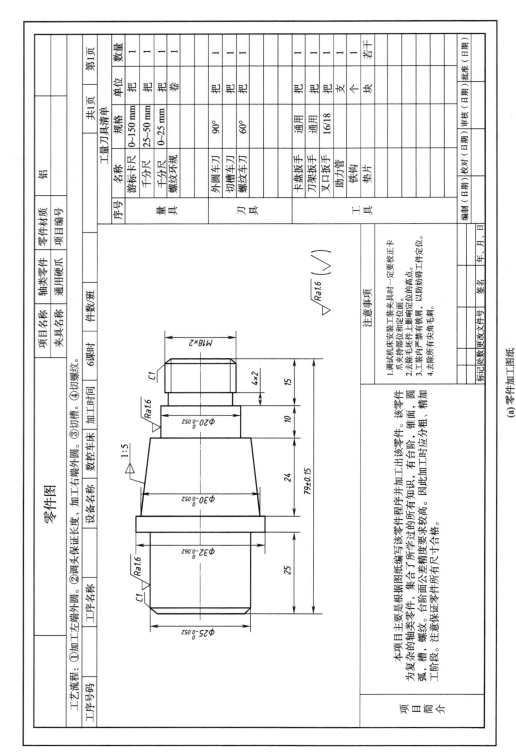

(a) 零件轴类零件加工图纸

图 7-2　典型轴类零件加工图纸

项目名称	轴类零件	零件材质	铝		共4页	第1页
夹具名称	通用硬爪	项目编号				

工序质量检测内容

序号	检测项目	测量工具	自检频率
①	φ38	千分尺	全部 100%
②	φ25	千分尺	

零件图

工序名称	加工右端	设备名称	数控车床	加工时间	20 min
工序号码	1			件数/班	

工艺流程：①加工左端外圆。②调头保长度、加工右端外圆。③切槽。④切螺纹。

φ25₋₀.₀₅₂ φ38₋₀.₀₆₂ 25 32

工步号	工步内容	刀具型号	主轴转速r/min	进给量mm/r	背吃刀量a_p/mm
1	粗、精车端面	外圆车刀	500	0.1	1~2
2	粗φ38外圆面	外圆车刀	500	0.2	1~2
3	精φ38外圆面	外圆车刀	800	0.1	0.25-0.5
4	粗φ38外圆面	外圆车刀	500	0.2	1~2
5	精φ38外圆面	外圆车刀	800	0.1	0.25-0.5

注意事项：

1.调试机床安装工装时一定要校正卡爪夹持部位和定位面。
2.去除毛坯件上影响定位的高点。
3.工装内严禁有铁屑，以防妨碍工件定位。
4.去除所有尖角毛刺。

标记	处数	更改文件号	签名	年、月、日
编制（日期）	校对（日期）	审核（日期）	批准（日期）	

(b) 零件左端面加工图纸

图7-2 典型轴类零件加工图纸（续）

工艺流程：①加工工左端外圆。②调头保证长度、加工右端外圆。③切槽。④切螺纹。

工序号码	2	工序名称	加工右端	设备名称	数控车床	加工时间	20 min

项目名称	轴类零件	零件材质	铝
夹具名称	通用硬爪	项目编号	
		件数/班	

共4页　第2页

零件图

$\sqrt{Ra3.2}(\sqrt{})$

零件图尺寸：C1、$\phi18$、$\phi20^{\,0}_{-0.052}$、$\phi30^{\,0}_{-0.052}$、$\phi32^{\,0}_{-0.052}$、$\phi25^{\,0}_{-0.052}$、1:5、15、10、24、79±0.15、25、$\sqrt{Ra1.6}$

工序质量检测内容

序号	检测项目	测量工具	自检频率
①	φ18	千分尺	全部 100%
②	φ20	千分尺	
③	1:5	角度尺	
④	79	千分尺	

工步号	工步内容	刀具型号	主轴转速r/min	进给量mm/r	背吃刀量a_p/mm
1	粗车φ20外圆	外圆刀	500	0.2	1~2
2	粗车φ18外圆	外圆刀	500	0.2	1~2
3	精车φ20外圆	外圆刀	800	0.1	0.25~0
4	精车φ18外圆	外圆刀	800	0.1	0.25~0

注意事项

1. 调试机床安装工装夹具时一定要校正卡爪夹持部位和定位面。
2. 去除毛坯件上影响定位的高点。
3. 工装内严禁有铁屑，以防妨碍工件定位。
4. 去除所有尖角毛刺。

编制（日期）	校对（日期）	审核（日期）	批准（日期）
标记	处数	更改文件号	签名	年、月、日

(c) 零件右端面图纸

图7-2　典型轴类零件加工图纸（续）

零件图

工艺流程：①加工左端外圆。②调头保证长度、加工右端外圆。③切槽。④切螺纹。

项目名称	轴类零件	零件材质	铝		共4页	第3页
夹具名称	通用硬爪	项目编号				
工序号码	3	工序名称	切槽	设备名称	数控车床	加工时间	20 min	件数/班	

工序质量检测内容

序号	检测项目	测量工具	自检频率
①	4×2	游标卡尺	全部 100%

$\sqrt{Ra3.2}\ (\sqrt{\ })$

$\sqrt{Ra1.6}$

1:5

尺寸：$\Phi20_{-0.052}^{0}$ $\Phi30_{-0.052}^{0}$ $\Phi32_{-0.062}^{0}$ $\Phi25_{-0.052}^{0}$ 79 ± 0.15 C1 15 4×2 10 24 25

刀具型号	主轴转速r/min	进给量mm/r	背吃刀量a_p/mm	注意事项
切槽刀	450	0.1	2	1．调试机床安装夹具时一定要校正卡爪夹持部位和定面。 2．去除毛坯件上影响定位的高点。 3．工装内严禁有铁屑，以防妨碍工件定位。 4．去除所有尖角毛刺。

工步号	工步内容
1	4×2切槽

标记	处数	更改文件号	签名	年、月、日	编制（日期）	校对（日期）	审核（日期）	批准（日期）

(d) 零件槽加工图纸

图7-2 典型轴类零件加工图纸（续）

图 7-2　典型轴类零件加工图纸（续）

（e）成形面加工图纸

项目名称		零件图
零件名称	轴类零件	
夹具名称	通用硬爪	
项目编号		
零件材质	铝	

工艺流程：① 加工左端外圆。② 调头保证长度、加工右端外圆。③ 切槽。④ 切螺纹。

工序号码	4	工序名称	外圆加工	设备名称	数控车床	加工时间	10 min	共4页 第4页

$\sqrt{Ra3.2}(\sqrt{})$

工步号	工步内容	刀具型号	主轴转速 r/min	进给量 mm/r	背吃刀量 a_p/mm
1	M18×2	螺纹刀	450	2.0	递减

注意事项
1. 调试机床安装夹具时一定要校正卡爪，持部位和定位面。
2. 去除毛坯件上影响定位的高点。
3. 工装内严禁有铁屑，以防妨碍工件定位。
4. 去除所有尖角毛刺。

序号	检测项目	测量工具	工序质量检测内容	自检频率
①	M18×2	环规		全部 100%

编制（日期）　校对（日期）　审核（日期）　批准（日期）
标记　处数　更改文件号　签名　年、月、日

操作步骤

1. 安装工件

工件安装的好坏,直接影响加工过程的中的操作,一般可按下列步骤进行:

(1)旋开卡爪,将工件放入卡盘,同时伸出卡盘的长度要符合零件尺寸要求。慢慢旋紧卡盘,在一个临界状态时(夹紧与未夹紧之间的状态),右手轻轻的左右匀速旋转工件(至少要旋转一周),找到一个合适的位置,同时左手慢慢旋紧卡盘。

(2)在手动方式下,使主轴正转,目测工件旋转时是否打晃。如果发现晃动,则应重新进行工件的安装。

2. 安装车刀

FANUC 数控车床采用的是四刀位刀架,因此最多可以同时安装四把刀。本项目需要一把 90°外圆偏刀、一把切槽刀和一把螺纹刀,按照编写程序把刀具安放在相应刀位。

3. 对刀

(1)对刀过程中一定要严格按照对刀步骤进行。

(2)试切时,背吃刀量不能太大。

(3)对刀过程要严格把关,认真练习,直到熟练为止。

(4)加工完一端后,调头夹住所加工完一端(长度较长的直径),切端面至中心,停下机床用游标卡尺测量总长,用实际工件总长 – 图纸上工件总长 = 差数(数值可能是正数也可能是负数)输入所对应的刀补偏置 Z 中,(正数输入正数,负数输入负数)然后修改对刀点的 Z 数值,在 Z 数值的基础上加上所求的差值即可(比如差值为 2.0,Z 轴对刀点值为 2.0,那么修改的数值应为 4.0),X 轴对刀方法不变。

4. 编写程序

按照图纸要求编写程序,检查无误后,输入机床。

5. 程序录入

(1)在程序编辑中新建程序号(以 O×××× 命名)。

(2)在输入面板中输入所编写的程序,注意录入时要仔细认真,防止人为输入错误导致程序不能运行,从而影响加工。

6. 加工工件

(1)单段加工。

这个步骤只要用于所编写的程序与对刀是否正确,如果其中有不对的地方应立即停车,检查是否程序与对刀出现错误。

(2)自动加工。

将机床置于"自动"状态,调出所输入的程序,按下"循环启动"按钮,进行自动加工。

7. 精度保证

粗精加工完成后用千分尺测量工件直径值,用所测的直径值 – 图纸要求直径值 = 差值,把差值输入 X 轴多对应的磨耗中,再把程序调至精加工处,在完成精加工即可。

测量评价

依据质量检测表对完成工件进行评价,见表7-1。

表 7-1 质量检测表 　　　　　　　　　　　　　　　　　　　　　　单位:mm

序　号	考核内容	考核标准	配　分	得　分	备　注
1	φ25	超差 0.01 扣 1 分	6		
2	φ38	超差 0.01 扣 1 分	6		
3	φ20	超差 0.01 扣 1 分	6		
4	φ30	超差 0.01 扣 1 分	4		
5	M18×2	超差 0.01 扣 1 分	16		
6	79±0.15	超差 0.01 扣 1 分	10		
7	锥度 1:5	超差 0.01 扣 1 分	10		
8	25	超差 0.01 扣 1 分	4		
9	24	超差 0.01 扣 1 分	3		
10	15	超差 0.01 扣 1 分	3		
11	10	超差 0.01 扣 1 分	3		
12	4×2 槽	超差 0.01 扣 1 分	8		
13	C1 倒角	每个 1 分	2		
14	倒角锐边	少 1 处扣 1 分	3		
15	表面粗糙度	每处不合格扣 1 分	6		
合　　计			90		

项目考核

学生在操作完成以后,按照评分表测量工件,工件得分在 80 分以上的成绩为 A,工件得分在 60 分以上的成绩为 B,工件得分在 60 分以下的成绩为 C。

项目小结

(1)刀具安装必须对准工件旋转中心。

(2)输入程序时,要仔细认真,输入完成后要找同组组员进行检查对比,防止出现错误。

(3)注意对刀以及加工安全,要反复练习游标卡尺的使用。

(4)锥体的计算和求值。公式: $D = d + C \times L$, D 为锥体大头直径; d 为锥体小头直径; C 为锥度比; L 是圆锥长度。

(5)工件总长的保证方法。

(6)螺纹的大小径的计算方法。

实训报告

项目七实训报告

姓　　名		班　　级		学　　号	
实训项目		用　　时		评　　分	
实训过程					
发现的问题及解决方案					
实训总结					
教师评价					

课后反思

怎么保证工件的精度要求？

项目八

加工曲面类零件

项目描述

　　本项目主要是根据图纸编写曲面类零件的加工程序(见图 8-1)。该零件是在巩固前面学习的阶梯轴加工、锥面加工、槽的加工的基础上,学习综合加工,编程时,要注意将外圆加工、槽的加工和螺纹加工分开。加工操作时要注意槽刀和螺纹刀的对刀。

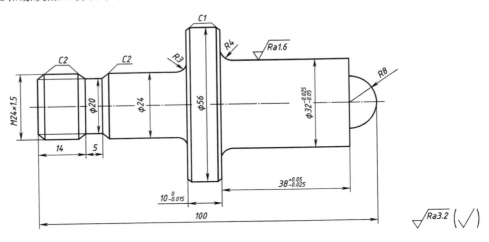

图 8-1　曲面类零件

学习目标

　　1. 学会曲面类零件的编程方式。

　　2. 能熟练的操作 FANUC 系列车床进行实训加工。

项目内容

　　1. 了解曲面类零件的应用及特点,熟练掌握有关零件各部分的加工方法。

　　2. 学会运用所编写的程序加工曲面类零件(毛坯为 $\phi40 \times 102$),数控加工图纸如图 8-2 所示。

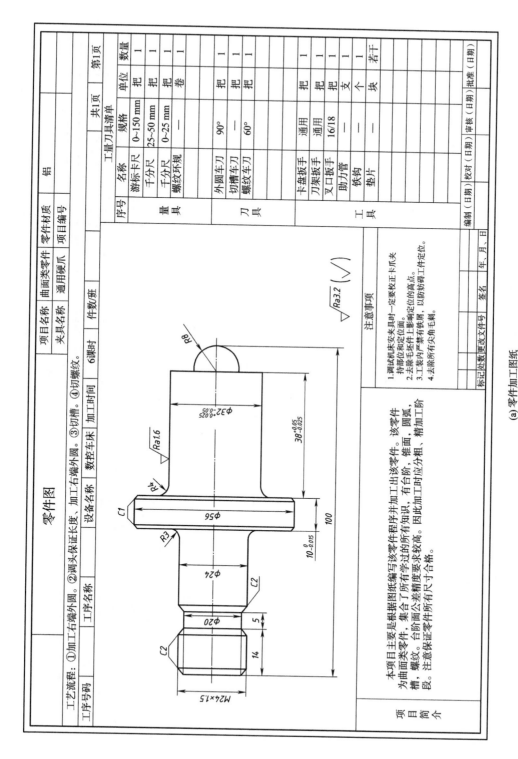

图8-2　曲面类零件加工图纸

（a）零件加工图纸

图 8-2　曲面类零件加工图纸（续）

(b) 零件右端加工图纸

工艺流程：① 加工右端外圆。② 调头保证长度，加工右端外圆。③ 切螺纹。

工步号	工步内容	刀具型号	主轴转速r/min	进给量mm/r	背吃刀量a_p/mm
1	粗、精车端面	外圆车刀	500	0.1	1~2
2	粗φ32外圆面	外圆车刀	500	0.2	1~2
3	精φ32外圆面	外圆车刀	800	0.1	0.25~0.5
4	粗φ56外圆面	外圆车刀	500	0.2	1~2
5	精φ56外圆面	外圆车刀	800	0.1	0.25~0.5

工序号码	1	工序名称	加工右端	设备名称	数控车床	加工时间	20 min

项目名称	曲面类零件	零件材质	铝
夹具名称	通用硬爪	项目编号	

件数/班　　　　共3页　　第1页

零件图

注意事项：
1. 调试机床安装夹具时一定要校正卡爪夹持部位和定位面。
2. 去除毛坯件上影响定位的高点。
3. 工装内严禁有铁屑，以防妨碍工件定位。
4. 去除所有尖角毛刺。

	工序质量检测内容			
序号	检测项目	测量工具	自检频率	
①	φ32	千分尺	全部 100%	
②	φ56	千分尺		
③	R4			

编制（日期）　校对（日期）　审核（日期）　批准（日期）

标记　处数　更改文件号　签名　年、月、日

零件图

项目名称	曲面类零件	零件材质	铝
夹具名称	通用硬爪	项目编号	

工艺流程：①加工左端外圆。②调头保证长度、加工右端外圆。③切螺纹。

工序号码	2	工序名称	加工左端	设备名称	数控车床	加工时间	20 min

共3页　第2页

$\sqrt{Ra1.6}$　$\sqrt{Ra3.2}$

$\phi32^{+0.025}_{-0.05}$　$38^{-0.05}_{-0.025}$　$R8$　R^k　$\phi56$　100　$R3$　$10^{\,0}_{-0.05}$　$\phi24$　$\phi20$　5　14　$C2$

$\sqrt{Ra3.2}(\sqrt{})$

工步号	工步内容	刀具型号	主轴转速r/min	进给量mm/r	背吃刀量a_p/mm
1	粗φ20外圆面	外圆刀	500	0.2	1~2
2	粗φ24外圆面	外圆刀	500	0.2	1~2
3	精φ20外圆面	外圆刀	800	0.1	0.2~0.5
4	精φ24外圆面	外圆刀	800	0.1	0.2~0.5

注意事项
1.调试机床安装夹具时一定要校正卡爪夹持部位和定位面。
2.去除毛坯件上影响定位的高点。
3.工装内严禁有铁屑，以防防碍工件定位。
4.去除所有尖角毛刺。

工序质量检测内容

序号	检测项目	测量工具	自检频率
①	φ24	千分尺	全部100%
②	φ20	千分尺	
③	R3	尺规	
④	100	千分尺	

编制（日期）	校对（日期）	审核（日期）	批准（日期）
标记 处数 更改文件号 签名	年、月、日		

(c) 零件左端加工图纸

图8-2　曲面类零件零件加工图纸（续）

项目名称	曲面类零件	零件材质	铝	第3页
夹具名称	通用硬爪	项目编号		共3页

零件图

$\sqrt{Ra3.2}$ ($\sqrt{}$)

工序质量检测内容

序号	检测项目	测量工具	自检频率
①	M24×1.5	环规	全部 100%

工艺流程：①加工左端外圆。②调头保证长度，加工右端外圆。③切螺纹。

工序号码	3	工序名称	切螺纹	设备名称	数控车床	加工时间	10 min	件数/班

工步号	工步内容	刀具型号	主轴转速r/min	进给量mm/r	背吃刀量a_p/mm
1	M24×1.5	螺纹刀	450	2.0	递减

注意事项
1.调试机床安装夹具时一定要较正卡爪夹持部位和定位面。
2.去除毛坯件上影响定位的高点。
3.工装内严禁有铁屑，以防妨碍工件定位。
4.去除所有尖角毛刺。

编制（日期）	校对（日期）	审核（日期）	批准（日期）
标记	处数	更改文件号	签名	年、月、日

(d) 零件类零件加工图图纸

图8-2　曲面类零件加工图图纸（续）

操作步骤

1. 安装工件

工件安装的好坏,直接影响加工过程的中的操作,一般可按下列步骤进行:

(1)旋开卡爪,将工件放入卡盘,同时伸出卡盘的长度要符合零件尺寸要求。慢慢旋紧卡盘,在一个临界状态时(夹紧与未夹紧之间的状态),右手轻轻的左右匀速旋转工件(至少要旋转一周),找到一个合适的位置,同时左手慢慢旋紧卡盘。

(2)在手动方式下,使主轴正转,目测工件旋转时是否打晃。如果发现晃动,则应重新进行工件的安装。

2. 安装车刀

FANUC 数控车床采用的是四刀位刀架,因此最多可以同时安装四把刀。本项目需要一把 90°外圆偏刀、一把切槽刀和一把螺纹刀,按照编写程序把刀具安放在相应刀位。

3. 对刀

(1)对刀过程中一定要严格按照对刀步骤进行。

(2)试切时,背吃刀量不能太大。

(3)对刀过程要严格把关,认真练习,直到熟练为止。

(4)加工完一端后,调头夹住所加工完一端(长度较长的直径),切端面至中心,停下机床用游标卡尺测量总长,用实际工件总长 - 图纸上工件总长 = 差数(数值可能是正数也可能是负数)输入所对应的刀补偏置 Z 中,(正数输入正数,负数输入负数)然后修改对刀点的 Z 数值,在 Z 数值的基础上加上所求的差值即可(比如差值为 2.0,Z 轴对刀点值为 2.0,那么修改的数值应为 4.0),X 轴对刀方法不变。

4. 编写程序

按照图纸要求编写程序,检查无误后,输入机床。

5. 程序录入

(1)在程序编辑中新建程序号(以 O×××× 命名)。

(2)在输入面板中输入所编写的程序,注意录入时要仔细认真,防止人为输入错误导致程序不能运行,从而影响加工。

6. 加工工件

(1)单段加工

这个步骤只要用于所编写的程序与对刀是否正确,如果其中有不对的地方应立即停车,检查是否程序与对刀出现错误。

(2)自动加工

将机床置于"自动"状态,调出所输入的程序,按下"循环启动"按钮,进行自动加工。

7. 精度保证

粗精加工完成后用千分尺测量工件直径值,用所测的直径值 - 图纸要求直径值 = 差值,把差值输入 X 轴多对应的磨耗中,再把程序调至精加工处,完成精加工即可。

测量评价

依据质量检测表对完成工件进行评价,见表8-1。

表 8-1　质量检测表

序　号	考核内容	扣分标准	配　分	得　分
1	总长 100	每超差 0.02 扣 1 分	6	
2	外径 $\phi56$	超差 0.1 全扣	4	
3	退刀槽	深度超差 0.2 全扣	4	
4	$SR8$ 圆头	没有成形全扣,半径超差 0.2 扣 3 分	6	
5	$M24 \times 1.5$ 螺纹	螺纹环规检验,不合格全扣;	10	
6	螺纹长度	长度超差 2mm 扣 2 分	4	
7	外径 $\phi32^{-0.025}_{-0.05}$	每超差 0.01 扣 2 分	8	
8	长度 $\phi38^{+0.05}_{-0.025}$	每超差 0.01 扣 2 分	8	
9	外径 $\phi24$	超差 0.1 全扣	4	
10	长度 $10^{0}_{-0.015}$	每超差 0.01 扣 2 分	8	
11	长度 5	超差 0.1 全扣	4	
12	$R4$ 圆角	圆角每个不合格扣 3 分	6	
13	倒角及 $R3$	每个不合格扣 2 分	8	
14	粗糙度	$Ra1.6\ \mu m$ 处每低一个等级扣 2 分,其余加工部位 30% 不达要求扣 2 分,50% 不达要求扣 3 分,75% 不达要求扣 6 分	10	
	合　　计		90	

项目考核

　　学生在操作完成以后,按照评分表测量工件,工件得分在 80 分以上的成绩为 A,工件得分在 60 分以上的成绩为 B,工件得分在 60 分以下的成绩为 C。

项目小结

　　(1)刀具安装必须对准工件旋转中心。

　　(2)输入程序时,要仔细认真,输入完成后要找同组组员进行检查对比,防止出现错误。

　　(3)注意对刀以及加工安全,要反复练习游标卡尺的使用。

　　(4)锥体的计算和求值。公式:$D = d + C \times L$,D 为锥体大头直径;d 为锥体小头直径;C 为锥度比;L 为圆锥长度。

　　(5)总结工件总长的保证方法。

　　(6)螺纹的大小径的计算方法。

实训报告

项目八实训报告

姓　名		班　级		学　号	
实训项目		用　时		评　分	
实训过程					
发现的问题及解决方案					
实训总结					
教师评价					

课后反思

在模拟试题中出现哪些问题？在以后加工中应该怎么办？

项目 ⑨

加工螺纹类零件

项目描述

本项目主要是根据图纸编写螺纹类零件的加工程序。图 9-1 所示零件是在巩固前面学习的阶梯轴加工、锥面加工、槽的加工的基础上,学习综合加工,编程时,要注意将外圆加工、槽的加工和螺纹加工分开。加工操作时要注意槽刀和螺纹刀的对刀。从而获得数控车工中级证书。

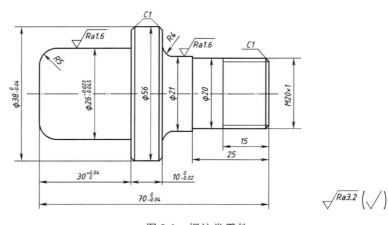

图 9-1　螺纹类零件

学习目标

1. 学会螺纹类零件轴的编程方式。
2. 能熟练的操作 FANUC 系列车床进行实训加工。

项目内容

1. 了解螺纹类零件的应用及特点,熟练掌握有关螺纹类零件各部分的加工方法。

2. 学会运用所编写的程序加工螺纹类曲轴零件(毛坯为 $\phi40 \times 80$),数控加工图纸如图 9-2所示。

工艺流程：①加工左端外圆。②调头保证长度、加工右端外圆。③切螺纹。

工序号码	工序名称	设备名称	数控车床	加工时间	6课时

零件图

项目简介：

本项目主要是根据图纸编写该零件程序并加工出该零件。该零件为复杂的轴类零件，集合了所有学过的知识，有台阶、锥面、槽、螺纹、圆弧。台阶面公差精度要求较高，因此加工时应分粗、精加工阶段。注意应保证零件所有尺寸合格。

项目名称	螺纹零件	零件材质	铝
夹具名称	通用硬爪	项目编号	
		件数/班	

工量刀具清单　共 页　第 页

序号	名称	规格	单位	数量
量具	游标卡尺	0~150 mm	把	1
	千分尺	25~50 mm	把	1
	千分尺	0~25 mm	把	1
	螺纹环规		卷	1
刀具	外圆车刀	90°	把	1
	切槽车刀		把	1
	螺纹车刀	60°	把	1
工具	卡盘扳手	通用	把	1
	刀架扳手	通用	把	1
	叉口扳手	16/18	支	1
	助力管		个	1
	铁钩		块	1
	垫片		块	若干

$\sqrt{Ra3.2}(\sqrt{})$

注意事项

1. 调试机床安装夹具时一定要校正卡爪夹持部位和定位面。
2. 去除毛坯时上影响定位的高点。
3. 工装内严禁有铁屑，以防妨碍工件定位。
4. 去除所有尖角毛刺。

编制（日期）		校对（日期）		审核（日期）	批准（日期）
标记	处数	更改文件号	签名	年、月、日	

(a) 零件加工图纸

图 9-2　螺纹类零件加工图纸

项目名称	螺纹零件	零件材质	铝
夹具名称	通用硬爪	项目编号	

零件图

工艺流程：① 加工左端外圆。② 调头保证长度，加工右端外圆。③ 切螺纹。

工序号码	1	工序名称	加工左端	设备名称	数控车床	加工时间	20 min	共3页	第1页

工步号	工步内容	刀具型号	主轴转速r/min	进给量mm/r	背吃刀量a_p/mm
1	粗、精车端面	外圆车刀	500	0.1	1~2
2	粗φ38外圆面	外圆车刀	500	0.2	1~2
3	精φ38外圆面	外圆车刀	800	0.1	0.25-0.5
4	粗φ26外圆面	外圆车刀	500	0.2	1~2
5	精φ26外圆面	外圆车刀	800	0.1	0.25-0.5

注意事项

1. 调试机床安装夹具时一定要校正卡爪夹持稳，确保定位和定位。
2. 去除毛坯件上影响定位的高点。
3. 工装内严禁有铁屑，以防防碍工件定位。
4. 去除所有尖角毛刺。

序号	检测项目	测量工具	自检频率
①	φ38	千分尺	
②	φ26	千分尺	

工序质量检测内容

全部100%

编制（日期）	校对（日期）	审核（日期）	批准（日期）

标记	处数	更改文件号	签名	年、月、日

(b) 螺纹类零件加工图纸（续）

图 9-2 零件左端加工图纸（续）

					项目名称	螺纹零件	零件材质	铝		共3页		第2页
					夹具名称	通用硬爪	项目编号					

工艺流程：① 加工左端外圆。② 调头保证长度，加工右端外圆。③ 切螺纹。

工序号码	2	工序名称	加工右端	设备名称	数控车床	加工时间	20 min

零件图

工步号	工步内容	刀具型号	主轴转速r/min	进给量mm/r	背吃刀量a_p/mm
1	粗车φ20外圆	外圆刀	500	0.2	1~2
2	粗车φ20外圆	外圆刀	500	0.2	1~2
3	精车φ20外圆	外圆刀	800	0.1	0.25~0.5
4	精车φ20外圆	外圆刀	800	0.1	0.25~0.5

工序质量检测内容		测量工具	自检频率
序号	检测项目		
①	φ21	千分尺	全部 100%
②	φ20	千分尺	
③	R4	R规	
④	75		

注意事项

1. 调试机床安装工装夹具时一定要校正卡爪夹持部位和定位面。
2. 去除毛坯件上影响定位的高点。
3. 工装内严禁有铁屑，以防妨碍工件定位。
4. 去除所有尖角毛刺。

编制（日期）	校对（日期）	校对（日期）	审核（日期）	批准（日期）
标记	处数	更改文件号	签名	年 月 日

(c) 零件右端加工图纸

图 9-2 螺纹类零件加工图纸（续）

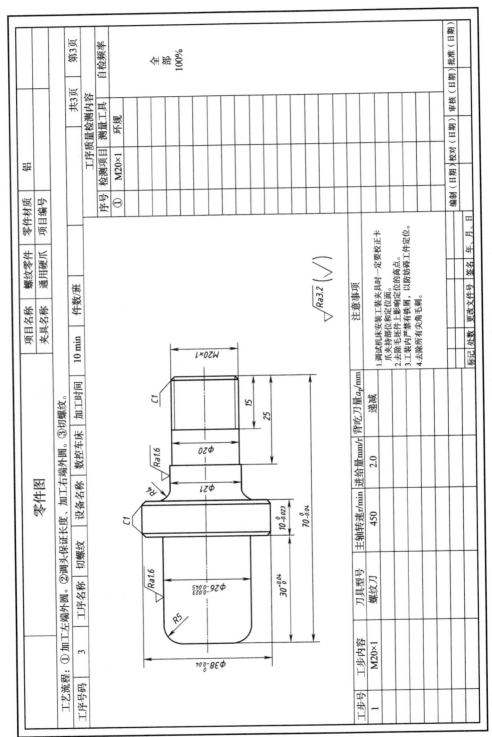

（d）零件外螺纹加工图纸

图 9-2　螺纹类零件加工图纸（续）

操作步骤

1. 安装工件

工件安装的好坏,直接影响加工过程的中的操作,一般可按下列步骤进行:

(1)旋开卡爪,将工件放入卡盘,同时伸出卡盘的长度要符合零件尺寸要求。慢慢旋紧卡盘,在一个临界状态时(夹紧与未夹紧之间的状态),右手轻轻的左右匀速旋转工件(至少要旋转一周),找到一个合适的位置,同时左手慢慢旋紧卡盘。

(2)在手动方式下,使主轴正转,目测工件旋转时是否打晃。如果发现晃动,则应重新进行工件的安装。

2. 安装车刀

FANUC 数控车床采用的是四刀位刀架,因此最多可以同时安装四把刀。本项目需要一把 90°外圆偏刀、一把切槽刀和一把螺纹刀,按照编写程序把刀具安放在相应刀位。

3. 对刀

(1)对刀过程中一定要严格按照对刀步骤进行。

(2)试切时,背吃刀量能太大。

(3)对刀过程要严格把关,认真练习,直到熟练为止。

(4)加工完一端后,调头夹住所加工完一端(长度较长的直径),切端面至中心,停下机床用游标卡尺测量总长,用实际工件总长 - 图纸上工件总长 = 差数(数值可能是正数也可能是负数)输入所对应的刀补偏置 Z 中,(正数输入正数,负数输入负数)然后修改对刀点的 Z 数值,在 Z 数值的基础上加上我们所求的差值即可(比如差值为 2.0,Z 轴对刀点值为 2.0,那么修改的数值应为 4.0),X 轴对刀方法不变。

4. 编写程序

按照图纸要求编写程序,检查无误后,输入机床。

5. 程序录入

(1)在程序编辑中新建程序号(以 O××××命名)。

(2)在输入面板中输入所编写的程序,注意录入时要仔细认真,防止人为输入错误导致程序不能运行,从而影响加工。

6. 加工工件

(1)单段加工。

这个步骤只要用于所编写的程序与对刀是否正确,如果其中有不对的地方应立即停车,检查是否程序与对刀出现错误。

(2)自动加工。

将机床置于"自动"状态,调出所输入的程序,按下"循环启动"按钮,进行自动加工。

7. 精度保证

粗精加工完成后用千分尺测量工件直径值,用所测的直径值 - 图纸要求直径值 = 差值,把差值输入 X 轴多对应的磨耗中,再把程序调至精加工处,在完成精加工即可。

测量评价

依据质量检测表对完成工件进行评价,见表9-1。

表 9-1 质量检测表   单位:mm

序 号	项 目	考核内容	配分		检测结果	得分
			IT	Ra		
1	外圆	$\phi38_{-0.04}^{0}$	9			
2		$\phi26_{-0.045}^{-0.023}$ $Ra1.6\,\mu m$	9	2		
3		$\phi21$ $Ra1.6\,\mu m$	4	2		
4	螺纹	M20×1	20			
5	圆角	$R5.0$	8			
6		$R4.0$ $Ra1.6\,\mu m$	6	2		
7	长度	$30_{0}^{+0.04}$	8			
8		$10_{-0.023}^{0}$	8			
9		$75_{-0.04}^{0}$	9			
10	倒角	$3×C1$	3			
	合 计		84	6		

项目考核

学生在操作完成以后,按照评分表测量工件,工件得分在80分以上的成绩为A,工件得分在60分以上的成绩为B,工件得分在60分以下的成绩为C。

项目小结

(1)刀具安装必须对准工件旋转中心。

(2)输入程序时,要仔细认真,输入完成后要找同组组员进行检查对比,防止出现错误。

(3)注意对刀以及加工安全,要反复练习游标卡尺的使用。

(4)锥体的计算和求值。公式:$D=d+C×L$,D为锥体大头直径;d为锥体小头直径;C为锥度比;L是圆锥长度。

(5)工件总长的保证方法。

(6)螺纹的大小径的计算方法。

实训报告

项目九实训报告

姓　　名		班　　级		学　　号	
实训项目		用　　时		评　　分	
实训过程					
发现的问题及解决的方案					
实训总结					
教师评价					

课后反思

在模拟试题中出现哪些问题？在以后加工中应该怎么办？

项目 ⑩

结业作品设计

　　结业作品设计是完成人才培养方案达到专业培养目标的一个重要教学环节,是培养学生解决问题的能力、实际工作能力、开发学生智力的重要教育环节,是让学生从实际知识水平、设计能力出发,自主选题,通过所学知识完成作品。

1. 作品设计图:

2. 编程：

3. 作品报告:

附　　录

数控车工 G 代码一览表

G00	快速定位指令	G70	精加工复合循环
G01	直线插补指令	G71	粗加工复合循环
G02	顺时针圆弧插补指令	G72	端面粗加工循环
G03	逆时针圆弧插补指令	G73	固定形状粗加工复合循环
G04	进给暂停	G90	单一固定循环指令
G20	英制单位设定指令	G92	螺纹切削循环
G21	公制单位设定指令	G94	端面切削单一循环指令
G27	返回参考点检测指令	G96	端面恒线速度指令
G28	返回参考点指令	G97	端面恒线速度注销指令
G32	螺纹切削指令	G98	每分钟进给率
G50	工件坐标系设定指令	G99	每转进给率

辅助功能 M 代码一览表

M00	程序暂停	M09	关闭切削液
M02	程序结束	M10	自动螺纹倒角
M03	主轴正转	M11	注销 M10
M04	主轴反转	M30	程序结束，并返回开始初
M05	主轴停转	M98	调用子程序
M08	开启切削液	M99	子程序结束标志

螺纹规格表

公制细螺纹				公制标准螺纹			
规　　格	标准径	2级螺纹内径		规　　格	标准径	1级-2级螺纹内径	
		上限	下限			上限	下限
M1×0.25	0.75	0.785	0.729	M1×0.20	0.8	0.821	0.783
M1.1×0.25	0.85	0.885	0.829	M1.1×0.20	0.9	0.921	0.883
M1.2×.25	0.95	0.985	0.929	M1.2×0.20	1	1.021	0.983
M1.4×0.3	1.1	1.142	1.075	M1.4×0.20	1.2	1.221	1.183
M1.6×0.35	1.25	1.321	1.221	M1.6×0.20	1.4	1.421	1.383
M1.7×0.35	1.35	1.421	1.321	*M1.7×0.20	1.45	1.5	1.46
M1.8×0.35	1.45	1.521	1.421	M1.8×0.20	1.6	1.621	1.583
M2×0..4	1.6	1.679	1.576	M2×0.25	1.75	1.785	1.729
M2.2×0.45	1.75	1.838	1.713	M2.2×0.25	1.95	1.985	1.929

续表

公制细螺纹				公制标准螺纹			
规　格	标准径	2级螺纹内径		规　格	标准径	1级-2级螺纹内径	
		上限	下限			上限	下限
M2.3×0.4	1.9	1.979	1.867	*M2.3×0.25	2.05	2.016	2.001
M2.5×0.45	2.1	2.138	2.013	M2.5×0.35	2.121	2.221	2.121
M2.6×0.45	2.2	2.238	2.113	*M2.6×0.35	2.2	2.246	2.186
M3×0.5	2.5	2.599	2.459	M3×0.35	2.7	2.721	2.621
*M3×0.6	2.4	2.44	2.28	M3.5×0.35	3.2	3.221	3.121
M3.5×0.6	2.9	3.01	2.85	M4×0.50	3.5	3.599	3.459
M4×0.7	3.3	3.422	3.242	M4.5×0.50	4	4.099	3.959
*M4×0.75	3.25	3.326	3.106	M5×0.50	4.5	4.599	4.459
M4.5×0.75	3.8	3.878	3.688	M5.5×0.50	5	5.099	4.959
M5×0.8	4.2	4.334	4.134	M6×0.75	5.3	5.378	5.188
*M5×0.9	4.1	4.17	3.93	*M6×0.5	5.5	5.55	5.4
M6×1	5	5.153	4.917	M7×0.75	6.3	6.378	6.188
M7×1	6	6.153	5.917	*M7×0.50	6.5	6.55	6.4
M8×1.25	6.8	6.912	6.647	M8×1.0	7	7.153	6.917
M9×1.25	7.8	7.912	7.647	M8×0.75	7.3	7.378	7.188
M10×1.5	8.5	8.676	8.376	*M8×0.50	7.5	7.52	7.4
M11×1.5	9.5	9.676	9.376	M9×1.0	8	8.153	7.917
M12×1.75	10.3	10.441	10.106	M9×0.75	8.3	8.378	8.188
M14×2	12	12.21	11.835	M10×1.25	8.8	8.912	8.647
M16×2	14	14.21	13.835				
M18×2.5	15.5	15.744	15.249				
M20×2.5	17.5	17.744	17.249				
M22×2.5	19.5	19.744	19.249				
M24×3	21	21.252	20.752				
M27×3	24	24.252	23.752				
M30×3.5	26.5	26.771	26.211				
M33×3.5	29.5	29.771	29.211				
M36×4	32	32.27	31.67				
M39×4	35	35.27	34.67				
M42×4.5	37.5	37.779	37.129				
M45×4.5	40.5	40.779	40.129				
M48×5	43	43.279	42.587				

参 考 文 献

[1] 实用车工手册编写组.实用车工手册[M].北京:机械工业出版社,2002.

[2] 张超英.数控车床[M].北京:化学工业出版社,2003.

[3] 王猛.机床数控技术应用实习指导[M].北京:高等教育出版社,1999.

[4] 孙伟伟.数控车工实习与考级[M].北京:高等教育出版社,2003.

[5] 王宝成.现代数控机床实用教程[M].天津:天津科学技术出版社,2000.

[6] 唐利平.数控车削加工技术[M].北京:机械工业出版社,2014.

[7] 刘虹.数控加工编程与操作[M].北京:机械工业出版社,2015.